LA ARQUITECTURA DE LA ESENCIA
L. BARRAGÁN (1902-88)
A. DE LA SOTA (1913-96)

LA ARQUITECTURA DE LA ESENCIA
L. BARRAGÁN (1902-88)
A. DE LA SOTA (1913-96)

RECOLECTORES URBANOS EDITORIAL

LA ARQUITECTURA DE LA ESENCIA
L. BARRAGÁN (1902-88) A. DE LA SOTA (1913-96)
Colección Conferences [CSS]_03

Edición:
Recolectores Urbanos Editorial
Edificio Rubén Darío 1, Calle Graham Bell, 5, 41010 Sevilla

Directores:
María Carreiro
Cándido López

Grupo de investigación GAUS
ETSA A Coruña. UDC
A Coruña, abril 2014

Colaboradores:
Pablo Rodríguez Rodríguez

Portada:
Recolectores Urbanos

Diseño colección:
Recolectores Urbanos

Impresión:
Ulzama

ISBN: 978-84-941684-7-5

Depósito Legal: SE 2046-2014

SEVILLA DICIEMBRE 2014

ÍNDICE

AGRADECIMIENTOS

La celebración del ciclo de conferencias *Proyecto+Investigación 3. La arquitectura de la esencia: Luis Barragán (1902-88) y Alejandro de la Sota (1913-96)*, en noviembre de 2013, ha sido posible gracias al apoyo del Vicerrectorado de Estudiantes, Deportes y Cultura de la Universidad de A Coruña -UDC-, representado en la persona de la vicerrectora María José Martínez, y de la ETS de Arquitectura.

Así mismo, debemos manifestar nuestro agradecimiento:

A la arquitecta Marta Gutiérrez por su impagable dedicación en el diseño y elaboración del material gráfico.

A nuestro compañero arquitecto José Manuel Asorey, miembro del Servicio Técnico de Audiovisuales de la UDC, por su disposición para grabar las conferencias.

A los miembros del grupo GAUS, Eduardo Caridad, Paula Fernández-Gago, Mónica Mesejo e Inés Pernas por su complicidad en la organización.

A los conferenciantes por su disponibilidad e implicación, en especial a Pedro de Llano por la generosidad con la que nos ha facilitado su archivo personal de imágenes sobre el arquitecto Alejandro de la Sota.

Y finalmente, a los participantes por asistir, ya que sin su presencia este ciclo no tendría sentido.

María Carreiro, Cándido López
A Coruña, marzo de 2014

PRÓLOGO

Architeto es vocablo griego, quiere dezir principal fabricador, e assi los ordenadores de edificios se dizen propiamente architetos. Los quales parece por nuestro Vitruvio, son obligados a ser ejercitados en las sciencias de philosophia y artes liberales. Ca de otra manera no pueden ser perfetos architetos, cuyas herramientas son las manos de los oficiales mecánicos. [1]

Diego de Sagredo (1526)

Con frecuencia sería una labor recomendable a todo arquitecto, hacer una lectura de los tratados clásicos como es "Los Diez libros de Arquitectura" de Marco Vitrubio, para recordar cómo debe ser la figura del arquitecto. En su persona debe reunir un compendio de saberes precisos que le otorgan un rango especial entre los artistas y profesionales liberales. Es el principal "hacedor", el creador que trazará de forma elegante las obras que se le ofrecieren. Es el que tiene capacidad para imaginar y dibujar aquello que previamente surgió en su pensamiento. El que generará "cuerpos" hermosamente cómodos para las principales necesidades de los hombres.

El ciclo de conferencias presentadas en las jornadas de **Proyecto+Investigación** 3, propone un acercamiento a este proceso de creación y a su transmisión mostrado a través de las obras de dos arquitectos del siglo XX, de los que cabe destacar su método de proyectación que podemos calificar como esencial. Así se reúnen bajo el título **La arquitectura de la esencia**, las figuras de Luis Barragán y Alejandro de la Sota.

La esencia, el aroma, el origen, lo primigenio, lo íntimo. Resulta tan difícil desarrollar un concepto que se define a sí mismo con toda la contundencia de una palabra clave, densa, redonda.

---

[1] SAGREDO, Diego de. Medidas del Romano. 2000. Edición a cargo de Fernando Marías y Felipe Pereda. C.O.A.M. Toledo, p. 167 de la transcripción.

Para Barragán la esencia nace en su interior, en sus vivencias de niñez, en su contacto con la naturaleza que ha marcado su condición de arquitecto definiéndose a través de los "elementos intangibles" de la arquitectura, con los que poner en valor la tradición heredada que permanece constante en la recreación de los paisajes tradicionales marcados por la belleza, el silencio, la serenidad, la luz y la muerte.

Para de la Sota lo esencial es la búsqueda de la depurada forma, de la delicada y breve línea que permita mostrar toda la actividad creativa que da paso a la comprensión de la arquitectura. Quizá la dureza de la piedra de su tierra natal, Pontevedra, le llevó a economizar en sus dibujos abogando por una previa definición mental del proyecto antes de llevarlo a su representación y ejecución.

Barragán y de la Sota, en un evidente paralelismo en el tiempo, ejercen su magisterio en las dos orillas del Océano Atlántico sometiendo sus creaciones a un proceso de depuración continua. Este hecho les permite fundir lo vernáculo con lo actual de modo independiente del lenguaje arquitectónico empleado por ambos.

Las diferencias que afloran entre los maestros enriquecen los respectivos discursos en el proceso proyectual. Barragán maneja la escasez de recursos materiales como un arma creativa, con una confianza ciega en el oficio. De la Sota explora las condiciones de la tecnología de su tiempo y la utilización de los materiales en lugares para los cuales no fueron pensados en un inicio.

Y todo ello, unido a un enriquecimiento personal mediante la formación en las nobles artes y el conocimiento de otros mundos arquitectónicos, configura el escenario en el cual ambos maestros desarrollarán sus planteamientos proyectuales en un intento por descubrir lo oculto, lo misterioso de las cosas comunes. Esta actitud vital, introspectiva, de silencios, compartida por Barragán y de la Sota, les conduce por un camino de un lenguaje propio, personal, mezcla de sus vivencias personales y los planteamientos racionalistas de la modernidad.

La arquitectura de la esencia: L. Barragán y A. de la Sota pretende, en un marco temporal acotado al siglo XX, abordar el proceso de ideación desde diversas ópticas, todas ellas complementarias. Se les propone a los conferenciantes que cada uno desarrolle un aspecto de la lógica del proceso de proyecto, a través de diferentes visiones de las obras de los autores seleccionados. Creemos que sus aportaciones servirán para arrojar luz sobre el rigor y la claridad de los criterios adoptados por Barragán y de la Sota en sus proyectos arquitectónicos. Lógica del proceso que se revela en la esencia de los proyectos, la arquitectura de la esencia.

EL GIMNASIO MARAVILLAS: LA ARQUITECTURA DEL DEPORTE
Cándido López y María Carreiro

En un periodo temporal de treinta años que comienza en 1941, los autores relacionan los acontecimientos producidos en la vida de A. de la Sota con las obras, los proyectos y los escritos realizados. Sucesos puntuales que marcaron etapas diferenciadas tanto en sus planteamientos arquitectónicos, como en el lenguaje formal de sus proyectos. En este lapso de tiempo fue modificando su discurso proyectual desde un "equilibrio entre la sabiduría vernácula del costumbrismo y la expresividad plástica", hasta un radicalismo en el que se fueron "acentuando la componente tecnológica y constructiva". Como exponente máximo de esta etapa creativa de A. de la Sota se exploran y analizan las características esenciales ensayadas en el proyecto para el Gimnasio Maravillas.

EL PROCESO CREATIVO EN A. DE LA SOTA: EL MÉTODO LÓGICO
José Benito Rodríguez Cheda

Comienza Rodríguez Cheda desde un pensamiento inicial: "Sota no proyectaba con un método", proyectaba a partir de su conocimiento de la arquitectura, de sus experiencias previas, de su sensibilidad y tal vez de su mundo subconsciente personal. Así a lo largo de su exposición desgrana punto a punto las respuestas a este pensamiento, apoyándose en las obras proyectadas y en las construidas de A. de la Sota e incorporando en el discurso extractos de artículos y conversaciones del maestro que ratifican cada una de las afirmaciones. Como conclusión: el dibujo es la herramienta del proyecto arquitectónico. Sota era un magnífico dibujante, sin embargo afirmaba *"Abogo porque no se dibuje una sola raya mientras nuestra obra no esté definida en el interior de nuestro cerebro" pues su "estrategia proyectual consistirá, no en resolver, sino en indagar, en proponer una idea capaz de generar la forma arquitectónica".*

LA CASA DE LUIS BARRAGÁN EN TACUBAYA: MUNDO INTERNO
Cruz López Viso

Casa. Cuarto. Límite. Atmósfera. Naturaleza. Son conceptos entrelazados para desentrañar el mundo interno de la casa de Luis Barragán en Tacubaya. Como bien dice López Viso explicar la casa es como deshacer un ovillo, lugares dentro de lugares, estancias que son estancas o estancias que articulan cuartos dentro de la extensión de la casa. La casa como espacio protector de su habitante. La casa poseedora de unas geometrías variables que se articulan o contraen. La fuerza del tratamiento plástico de las paredes, de los muros, del sonido del agua, del movimiento. Mundo interior-mundo exterior, la naturaleza, el paisaje, la conciencia del tiempo y al fin el habitante sin el cual no es posible comprender su morada.

LUIS BARRAGÁN Y SUS PAISAJES CREADOS
Antonio Ruiz Barbarín

"Luis Barragán fue un arquitecto de pocas palabras y muchos gestos". En Barragán es tan importante lo que se ve como lo que parece ser. Con estos juegos sutiles nos introduce Ruiz Barbarín en los "paisajes creados" de Barragán, aquellos que significaron una intervención en la naturaleza con la firme intención de preservar su valor cultural, sus orígenes y que muestran como el arquitecto era capaz de percibir el entorno desde una visión íntima, privada, en una sintonía nostálgica reflejo de los jardines de su tierra natal. A partir de este momento nos introduce en el paisaje deslizándonos así en la casa de Tacubaya, en sus paredes de color, en su atmosfera casi mágica.

LA ESCALERA, ELEMENTO DE ESENCIALIDAD: CASA-ESTUDIO DE TACUBAYA, L. BARRAGÁN Y CASA ARVESÚ, A. DE LA SOTA
María Carreiro y Cándido López

Singular en su planteamiento, la aportación de M. Carreiro y C. López plantea la escalera como un elemento innato a la arquitectura, ocupando un lugar dentro de la casa, determinando un tipo en función de la posición que ocupa, determinando el ser de la casa. La escalera se convierte "en el sistema circulatorio del objeto arquitectónico", conecta la estructura fragmentaria de la casa, nos aproxima hasta las intenciones del proyectista para entender e interpretar el proceso de ideación del objeto arquitectónico. Con estas premisas se analizan dos viviendas modeladas según sus escaleras, la casa Barragán y la casa Arvesú. El estudio detallado de sus escaleras ha permitido "indagar en el proceso proyectual de sus autores, comprender por qué estas casas son modelos de Arquitectura, por qué ambas trascienden su propio momento de creación, por qué ambas, siendo tan distintas, responden a una intención análoga".

ALEJANDRO DE LA SOTA: EL DIBUJO COMO LENGUAJE
Pedro de Llano

Se parte de una reflexión recurrente entre los arquitectos: buscar la relación entre la arquitectura y su representación. El diálogo entre lo dibujado y el pensamiento de su autor. Para ello P. de Llano hace un estudio de A. de la Sota a lo largo de las distintas fases por las que transcurrió su vida profesional y académica, planteando resaltar en cada una de estas etapas su evolución personal y creativa reflejadas en los distintos lenguajes gráficos empleados en la concepción de sus proyectos. La conocida afirmación de Sota: *El arquitecto debe pensar muchísimo antes de dibujar sus proyectos y una vez sabidos y requetesabidos, decir por medio del dibujo lo que tiene pensado, para que otros, los constructores, con sus planos, bien claros, bien explicados, construyan su pensamiento* es el punto de partida que desencadena el interés del autor por descubrir los distintos lenguajes del maestro. Al final una certeza: los dibujos de A. de la Sota "son dibujos en los que la línea impone su ley, conteniendo toda la fuerza, toda la personalidad de su arquitectura. Dibujos tras los que descubrimos un ilimitado mundo de sutileza, refinamiento y rigor".

PROCESO Y OBJETO
María Teresa Muñoz

El proceso y el objeto. Son las profundas conexiones entre los dos extremos, las que centran este espacio de discusión planteado por M. T. Muñoz. De ahí la afirmación "la idea de arquitectura demanda siempre la idea de una presencia del objeto". Mediante un paralelismo entre el proceso de proyecto y la lingüística aplicado a distintas obras de arquitectura, desarrolla la relación existente entre el objeto final, real, concreto con el proceso de proyectación temporal, conceptual y abstracto. El resultado: "*No hay arquitectura conceptual posible que pueda prescindir del concepto de objeto pragmático y funcional*".

La existencia de variados caminos en la elaboración de los proyectos, es un hecho innegable. La decisión de abordar alguno de ellos muestra la firme voluntad del arquitecto por aproximarse a un conocimiento crítico del mismo mediante el manejo de múltiples variables interrelacionadas. Finalmente la búsqueda remite a comprender la esencia del proyecto.

Inés Pernas
Dra. Arquitecta
ETS Arquitectura. UDC, 2014

Gimnasio Maravillas. Detalle de la barandilla del graderío, 1984.

EL GIMNASIO MARAVILLAS

La arquitectura del deporte

Cándido López González
María Carreiro Otero
ETSA Coruña

La celebración del centenario del nacimiento de Alejandro de la Sota Martínez, autor del Gimnasio Maravillas en 1960, sirve de disculpa para ahondar en el conocimiento de esta representativa obra de la arquitectura española contemporánea desde una doble óptica, tanto en su condición de pieza de innegable valor arquitectónico como en su naturaleza de objeto útil para la práctica del deporte.

Kenneth Frampton, arquitecto, historiador y crítico de arquitectura británico, profesor de la Universidad de Columbia en Nueva York y autor del libro *Historia crítica de la Arquitectura Moderna*, en el artículo *Maestro de esencias* publicado en 1997 refiriéndose a la obra de Alejandro de la Sota manifestaba que, a excepción del Gimnasio Maravillas, no había experimentado de primera mano ninguno del resto de los edificios construidos por el *arquitecto*. Este distanciamiento le servía para justificar un conocimiento de la arquitectura tipo "casi nada".

Williams Curtis, historiador y crítico de arquitectura británico, conocido entre otras publicaciones por su libro *La Arquitectura Moderna desde 1900*, en el artículo *Dos obras* publicado en la revista *Grial nº 109* exponía lo banal e insustancial que sería realizar una lista de las fuentes que influyeron en la ideación del Gimnasio Maravillas, ya que fueron absorbidas por un lenguaje con sus propias reglas.

Y aun cuando las manifestaciones de K. Frampton y W. Curtis, dos críticos de reconocido prestigio internacional, puedan ser consideradas referentes válidos, la presente conferencia se propone validar o negar las mismas a través de la dialéctica y la confrontación de ideas.

Dialéctica que un personaje de la Ilustración nacido hace ahora tres siglos, Denis Diderot, autor de la Enciclopedia francesa conjuntamente con el brillante matemático D´Alambert, practicaba entonces reuniéndose con sus coetáneos ilustrados en el Salón de la Rue Royale de París, propiedad del Barón D´Holbach bajo el lema: *Sapere aude*, atrévete a pensar por ti mismo, ten el valor de usar tu propia razón.

Este lema bajo el que librepensadores e intelectuales en el siglo XVIII celebraban sus reuniones induce hoy a determinar la forma de conocer la obra arquitectónica de A. de la Sota, bien mediante la experiencia directa o a través de las fotografías publicadas y realizadas por otros. Así mismo impulsa a establecer la conveniencia de conocer o ignorar las referencias en la tradición arquitectónica para comprender el objeto construido en su esencia, en su estructura profunda.

EL CONTEXTO VITAL

A. de la Sota, que nace en Pontevedra en 1913, ingresa en la Escuela de Arquitectura de Madrid en los años previos a la contienda civil española. En las aulas de la Escuela coincide con las primeras mujeres que estudian Arquitectura en España: Matilde Ucelay Maórtua, Cristina Gonzalo Pintor y la gallega, nacida en La Cañiza (Pontevedra), Rita Fernández Queimadelos. Finalizada la Guerra Civil en 1939, para obtener el título de arquitecto cursa los denominados "cursos patrióticos", cursos intensivos y de exámenes continuos, rematando sus estudios en 1941.

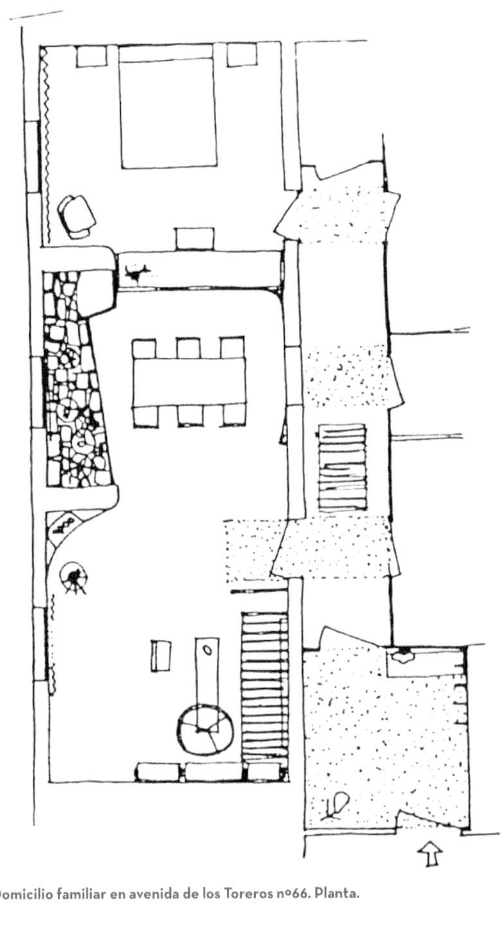

Domicilio familiar en avenida de los Toreros nº66. Planta.

Con el fin de contextualizar la obra de estudio, el Gimnasio Maravillas, se realiza un extracto biográfico intencionado de su autor en un período de treinta años, desde 1941 a 1971, relacionando los acontecimientos vitales acaecidos, las obras y proyectos y los escritos realizados.

Titulado arquitecto en 1941, A. de la Sota comienza inmediatamente a trabajar en el *Instituto Nacional de Colonización*, organismo que planifica los asentamientos rurales en un país devastado por la guerra. La relación laboral con el mencionado organismo se extiende hasta 1947. Los proyectos que realiza en este período no los va a reconocer como propios, baste recordar la monografía editada en Pronaos en 1989, coordinada por él mismo, y en la cual las obras de esta etapa aparecen en el *Apéndice* con escasas referencias.

En el año 1952 se casa con Sara Rius Taylor, con quien tuvo siete hijos. Este acontecimiento vital le permite realizar la reforma de una vivienda para acoger el domicilio familiar en la avenida de los Toreros, nº 66 en Madrid. La obra pone de manifiesto la coexistencia del lenguaje orgánico aprehendido en sus viajes por la España rural y en sus propias vivencias de juventud en Salcedo, Pontevedra y el expresionismo de algunos de los maestros modernos.

Reflejo de ese equilibrio entre la sabiduría vernácula del costumbrismo y la expresividad plástica, que todavía da a entender la preocupación estética del autor, surgen en 1955 tres obras que anuncian a un A. de la Sota camino de la abstracción, en un proceso de depuración continua: el Pueblo de Esquivel (Sevilla), el Poblado de absorción Fuencarral B y la Casa Arvesú en la calle Dr. Arce en Madrid. Los dos primeros encargos provienen de la relación laboral establecida con el Instituto Nacional de Colonización en la primera mitad de los años cuarenta.

En el año 1956, dos circunstancias acontecen en la vida de A. de la Sota. La primera, su incorporación a la Escuela de Arquitectura de Madrid como profesor auxiliar en la asignatura de Proyectos I. La segunda, la realización de un viaje a Berlín[1], lo que le permite conocer de primera mano, sin intermediarios, diversas obras de los maestros de la arquitectura moderna, entre ellas las de Erich Mendelsohn.

A partir de ese momento radicaliza su discurso arquitectónico relegando, sin olvidar, el hecho plástico de la arquitectura y acentuando la componente tecnológica y constructiva. Repudia cualquier intento de imitación o sentimiento de nostalgia y avanza por la senda de la expresión tecnológica. *La conexión de la arquitectura de Sota con la tecnología, está en la pura razón exenta de contaminaciones culturales: en la inmediatez del objeto tecnológico.*[2]

---

[1] Mientras Miguel Ángel Baldellou en el libro *Gimnasio Maravillas, Madrid, 1960-1962. Alejandro de la Sota* sitúa este viaje en el mencionado año de 1956, el propio A. de la Sota en la *Entrevista* (sobre arquitectura nórdica) realizada en 1983, lo data en 1954. Una discordancia, debida probablemente al tiempo transcurrido desde que aconteció, que no altera el momento en el que se produce la transición de lo plástico a lo tecnológico en las ideaciones de A. de la Sota.

[2] Rodríguez Cheda, José Benito. *Alejandro de la Sota. Construcción, Idea y Arquitectura*. Santiago de Compostela: Colegio oficial de Arquitectos de Galicia, 1994, p. 185.

Tres proyectos entre 1956 y 1960 revelan esta nueva actitud de A. de la Sota. El primero, en 1956, el concurso para el Gobierno Civil de Tarragona, que obtiene el primer premio y se construye entre 1959 y 1963. El segundo, en 1957, los Talleres Aeronáuticos de Barajas, TABSA. En este proyecto colabora con el ingeniero industrial Eusebio Rojas Marcos y con el ingeniero aeronáutico Enrique Guzmán de Ozamiz. Mientras que con E. Rojas Marcos colaborará posteriormente en los proyectos del Gimnasio Maravillas, de las naves del CENIM y del polideportivo de Pontevedra, a E. Guzmán le construirá su casa en la Urbanización Santo Domingo de Madrid en 1972. El tercero y último, en 1960, el Gimnasio Maravillas. Esta pieza arquitectónica condensa el hallazgo más fértil de su carrera: la sección. La sección tecnológica que evidencia el tránsito de una fachada artística a la planta funcional.

En ese mismo año, 1960, oposita a una plaza de funcionario de la Dirección General de Correos y Telecomunicación del Ministerio de la Gobernación. Obtiene su ingreso. Desarrolla su labor en el cuerpo de funcionarios del estado hasta 1964, año en el que solicita la excedencia para dedicarse a tiempo completo a su despacho profesional y a la docencia en la Escuela de Arquitectura.

Un nuevo episodio vital, la obtención del título de Doctor Arquitecto en 1965, señala el inicio de una trayectoria escolar que se va a cercenar de modo abrupto en 1971, con el abandono de la labor docente y el retiro a su estudio profesional al no obtener la Cátedra de Elementos de Composición de la ETSA de Madrid.

Las plazas de Catedrático que se debían proveer eran tres, en las Escuelas de Arquitectura de Madrid, Sevilla y Barcelona. El tribunal encargado de valorar las intervenciones de los opositores estaba formado por Víctor d´Ors Pérez-Peix, catedrático de Estética de la Escuela de Madrid como presidente y con Luis Moya Blanco, Javier Carvajal Ferrer, Antonio Lozoya Augé y Rafael de la Hoz Arderius como miembros del mismo. Los opositores a las plazas eran Federico Correa i Ruiz, A. de la Sota, Alberto Donaire Rodríguez, Antonio Fernández Alba y Rafael Moneo

Erich Mendelsohn.
Ludwing Mies van der Rohe.

Vallés. Los elegidos resultaron A. Fernández Alba, A. Donaire y R. Moneo, ocupando las cátedras de Madrid, Sevilla y Barcelona respectivamente. Este hecho acaecido en 1971 desencadena el retorno de A. de la Sota a su despacho profesional y a su plaza como funcionario de la D. G. de Correos y Telecomunicación.

La obra más significativa de estos años, el Colegio Mayor César Carlos en la Ciudad Universitaria de Madrid, construido entre 1967 y 1970 y paradigma de la abstracción y monumentalidad dará paso a la última etapa en el quehacer arquitectónico de A. de la Sota.

Etapa última, que evidencia no solo el desprendimiento de la forma sino la aspiración a liberarse de la construcción. El adelgazamiento progresivo de las pieles en las que envuelve los espacios arquitectónicos en sus proyectos es una característica específica de la misma, que se presenta con mayor radicalidad en aquellos proyectos no ejecutados. La relevancia que posee la obra de A. de la Sota en esta última etapa, de 1972 a 1996, para la arquitectura española contemporánea la hace merecedora, sin ningún género de dudas, de un estudio singularizado.

En este contexto personal y profesional y en el espacio temporal de tres décadas, desde los años cuarenta a los setenta del siglo XX, A. de la Sota proyecta y construye entre 1960 y 1962 una de las grandes obras maestras de la arquitectura española contemporánea, el Gimnasio Maravillas.

UNA CRÍTICA POÉTICA

> *Respecto a las demás críticas realizadas, la poética alcanza la mayor dimensión, con más enlaces estructurales. Tiene por objeto los aspectos específicamente arquitectónicos, aquellos que sólo esta disciplina posee y que son causa y efecto del proyecto. Entre ellos destacan: geometría, medida y economía. El trabajo de la poética no se dirige a un único proyecto como en la interpretación, sino a un conjunto de obras enlazadas por su estructura común. Así esta crítica estudia lo común y mutuamente idóneo en un grupo de obras, referido a tres ciencias de la arquitectura: Construcción (sintaxis), Tipología (retórica y estilística) e Iconología (semiología).*[3]

Este párrafo de Carmen Espegel Alonso, referido a la crítica poética, a la crítica más profunda de un método analítico inspirado en el procedimiento de la crítica lingüística de Todorov y desarrollado por el Catedrático de la Escuela de Madrid, Antonio Miranda Regojo sugiere un acercamiento a la obra arquitectónica explorando sus leyes sustanciales, sin pretensiones artísticas.

---

[3] Espegel Alonso, Carmen. *Aires Modernos. E1027: maison en bord de mer. Elieen Gray y Jean Badovici 1926-1929.* Madrid: Mairea Libros, 2010, p. 195.

alejandro de la sota martínez 1912-1996

año	vida	proyectos y obras	escritos
1941	**arquitecto etsa madrid.**		
	trabaja en el instituto nacional de colonización.		
1945		vivienda ramón de dios, pontevedra.	
		escuela de capataces (gimenells, lérida).	
1950		laboratorios para la misión biológica en salcedo (pontevedra).	
1952	**matrimonio con sara rius.**		
			la arquitectura y el paisaje.
			pequeña polémica en torno a unas fotografías.
1955		pueblo de esquivel (sevilla).	
		poblado de absorción fuencarral b, madrid.	
		viv. unif. sr. arvesú en c/ dr. arce, madrid.	
			una capilla en el camino de santiago.
1956	profesor de proyectos I, etsa madrid.		
	viaje a berlín, descubre a mendelsohn.		
		gobierno civil, tarragona.	
			chillida.
1957		talleres aeronáuticos tabsa, barajas (madrid).	
		residencia infantil de verano, miraflores de la sierra (madrid).	
1959			ha muerto frank lloyd wright.
			alumnos de arquitectura.
1960	**obtiene la plaza de funcionario de la dirección general de correos en el ministerio de la gobernación.**		
		gimnasio maravillas, madrid.	
		central lechera clesa, madrid.	
1961			**tema universal hoy: arquitectura y tecnología.**
1963		bloque de viviendas en la calle prior, salamanca.	
		naves del cenim en la ciudad universitaria, madrid.	
1964		viv. unif. sr. varela en collado villalba, madrid.	
		residencia para emigrantes, irún (guipúzcoa).	
1965	**doctor arquitecto.**		
		conjunto residencial bahía bella, mar menor, murcia.	
			le corbusier.
1966		pabellón polideportivo, pontevedra.	
1967		**colegio mayor césar carlos en la ciudad universitaria, madrid.**	
		viviendas, santander.	
		colegio-residencia para la caja de ahorros provincial, ourense.	
1968			sentimiento arquitectónico de la prefabricación.
			mensaje a los recién titulados.
1969			comentarios sobre concursos.
			la grande y honrosa orfandad.
1970		concurso para la sede de bankunión, madrid.	
			enseñanza de la arquitectura.
			memoria para la cátedra de elementos de composición.
1971	**oposición a cátedra en la etsa madrid. no la obtiene.**		

Extracto biográfico A. de la Sota, 1941-1971: vida, obras y proyectos y escritos.

Exploración sistemática, que en el caso del Gimnasio Maravillas de A. de la Sota se realiza comprobando sus características esenciales a través de un conjunto de parámetros. Parámetros que han sido ensayados con anterioridad en diversos modelos por C. López en su tesis *El espacio deportivo a cubierto. Forma y lugar.*

Las relaciones con el lugar, las dimensiones de la forma, la cualidad de la función, la estructura formal profunda, la cubierta como reflejo de la luz estructural precisa, la luz y su procedencia, las escalas presentes en la pieza, el dibujo como herramienta con doble significado y las dimensiones regladas: el espacio útil, el campo de juego se consideran las variables fundamentales que verifican las características específicas del objeto destinado al mundo del deporte. Variables que revelan el significado profundo que lo define.

Desgranaremos, a continuación, cada una de ellas aplicándoselas al paradigma objeto de estudio, al Gimnasio Maravillas.

Publicado con profusión e interpretada esta obra por diversos críticos de arquitectura, despiezada y recompuesta analíticamente por numerosos especialistas, se propone diseccionarla valorando su dimensión deportiva sin obviar su valor arquitectónico.

Inaugurado en mayo de 1962, se publica por primera vez de modo específico y singular, en la revista bimestral de la Obra Sindical del Hogar, *Hogar y Arquitectura nº43*, correspondiente a noviembre-diciembre de 1962. La revista lo considera merecedor de aparecer en su cubierta con una fotografía y un dibujo a color de la fachada a la calle Joaquín Costa, mientras en páginas interiores un breve texto, los planos y diversas fotografías describen la pieza arquitectónica.

Para que vuelva a ser publicada de nuevo ha de transcurrir más de una década. Esta vez, la publicación de la obra se produce inmersa en el conjunto de la producción arquitectónica de A. de la Sota. Dos revistas de arquitectura, *Hogar y Arquitectura nº115* y *Nueva Forma nº107*, le dedican sendos números monográficos al arquitecto. Ambas se editan, coincidentes en el tiempo, en diciembre de 1974. En la revista citada en primer lugar, el artículo lo elabora Miguel Ángel Baldellou Santolaria, en la segunda el articulista, a la par que editor, es Juan Daniel Fullaondo Errazu. Los dos, arquitectos de sensibilidades dispares.

Tres años más tarde, en 1977, se edita el catálogo de *Arquitectura Deportiva*, que da cuenta de una exposición que se presenta en España por primera vez con motivo del *I Simposio Nacional sobre Instalaciones Deportivas y Recreativas* celebrado en Madrid en junio de 1976, bajo el tema monográfico *Piscinas Públicas.*

La exposición se componía de 56 paneles, de los cuales 24 habían sido seleccionados por un grupo de arquitectos de la Delegación Nacional de Educación Física y Deporte para acudir en 1974 al *II Congreso sobre Instalaciones Deportivas y Recreativas* que se organizó en Colonia (Alemania) organizado por el IAKS, Círculo Internacional para la Construcción de Instalaciones Deportivas y Recreativas. Este hecho extiende la difusión de la obra referida internacionalmente, el Gimnasio Maravillas, y le confiere un valor como lugar del mundo del deporte, lugar en el que se desarrollan ejercicios gimnásticos y se practican diversos deportes.

EL CONTEXTO

El Gimnasio, ubicado en el borde sur de una parcela que contiene un equipamiento docente, de carácter privado, el Colegio Nuestra Señora de las Maravillas de los Hermanos La Salle, formaliza con su implantación el límite de dicha parcela en su frente a la vía pública, la calle Joaquín Costa. Vía que cruza transversalmente la Colonia El Viso, un conjunto de viviendas unifamiliares generador en la trama urbana de un tejido de Ciudad Jardín. Colonia construida sobre una altura natural del terreno y edificada entre 1933 y 1936 por los arquitectos Rafael Bergamín Gutiérrez y Luis Blanco-Soler Pérez.

A. de la Sota conoce bien el lugar, había construido en 1955 la vivienda unifamiliar del Sr. Arvesú en el número veinte, hoy catorce, de la avenida Dr. Arce, histórico borde este de dicha Colonia.

El fuerte desnivel existente entre la calle Guadalquivir, que prolonga su cota en el patio de juegos del centro escolar, y la calle Joaquín Costa, entre doce y catorce metros provoca que un elemento del medio físico, la topografía, se presente como el condicionante más significativo que el proyecto ha de resolver.

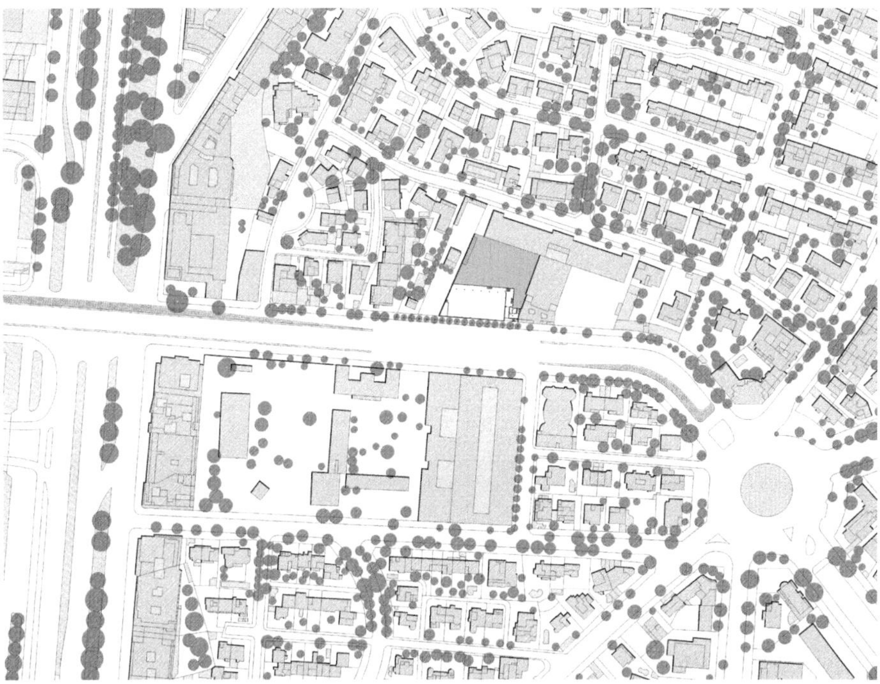

Gimnasio Maravillas. Situación en la Colonia El Viso.

El vaciado de la parcela en el punto de inserción del Gimnasio se explica como el paso previo a la recreación topográfica que el objeto construido ha de sugerir.

La pieza deportiva propone una doble articulación, funcional y urbana. Articulación funcional que mediante la continuidad de las circulaciones resuelve el enlace entre el espacio docente, el Colegio y la vía pública, la calle Joaquín Costa. Articulación urbana, que se manifiesta en el tratamiento de la cubierta como lugar atalaya del espectáculo de la ciudad a través de la ampliación del patio de juegos al aire libre existente.

El muro terso de la fachada revela la formalización del límite. La adición del volumen de los miradores de la planta tercera y la sustracción de materia en el acceso en la planta baja a dicho muro expresa, evidenciado con el juego de la luz y las sombras, el dinamismo propio de la actividad deportiva interior.

LA DIMENSIÓN DE LA FORMA

El Gimnasio, anclado en la parcela por medio del encastramiento de la planta sótano, formaliza su presencia de modo parcial en un proceso de desmaterialización ascendente continua, desde el paño macizo de la fábrica de ladrillo en el basamento hasta la ligereza y esbeltez de los soportes verticales metálicos del cierre en el plano de cubierta.

Vista aérea del Colegio Nuestra Señora de las Maravillas de los Hermanos La Salle.

Gimnasio Maravillas. Zócalo de la calle Joaquín Costa.
Gimnasio Maravillas. Detalle del zócalo.
Palazzo dei Conservatori en la piazza del Campidoglio, Roma.

La imagen del objeto presenta, en una descomposición por partes, una innegable relación con la arquitectura del período renacentista. Relación que se manifiesta tanto en su elemento inferior, el zócalo de ladrillo de textura áspera y rugosa, como en su remate superior en los elementos metálicos de la verja, reflejo del orden de los pórticos estructurales, a los que se les incorpora una pieza de protección horizontal independiente y continua que recorre la fachada.

La fachada del Palazzo dei Conservatori en la piazza del Campidoglio de Roma, remodelada por Michelangelo di Ludovico Buonarroti Simoni en el siglo XVI con el orden vertical de las pilastras y su remate final en las estatuas, así como el Palazzo Medici Riccardi en la vía Larga, hoy Cavour, de Florencia, realizado por Michelozzo di Bartolomeo en el siglo XV con la evolución del tratamiento del almohadillado rústico inferior a un sillar más suave y pulido superiormente se reconocen como referentes en el proceso proyectual del Gimnasio Maravillas de A. de la Sota. Él mismo lo reconoce:

> *Existe la emoción arquitectónica. No se piensa en ella como propósito del arquitecto en el momento de proyectar... Sin embargo, por experiencia propia, sabe uno donde la ha sentido con intensidad y de la manera más inesperada, cuando ha aparecido de manera intensa. Podría decir, a modo de ejemplo, que la he sentido... de manera extraña en el Campidoglio de Miguel Ángel en Roma;...*[4]

La tecnología del acero resuelve una luz estructural de veinte metros en un único vano mediante la disposición, de modo no habitual, de una cercha metálica invertida. Esta luz única consiente el desarrollo de actividades gimnásticas y deportivas en el espacio útil deportivo. La direccionalidad del campo de juego se complementa y refuerza con la colocación de los pilares metálicos en una trama perpendicular a ella, presentes cada seis metros.

La claridad geométrica estructural evidencia un orden que se transpone en la fachada. Y aun cuando hemos visto que la característica de la fachada del Gimnasio en sentido vertical ascendente se manifestaba en términos de ausencia de materialidad, podemos afirmar que el aparente desorden de los tres elementos metálicos de ventilación situados en el paño macizo de la fachada no es tal y que enlazados mediante un perfil metálico horizontal, constructivamente necesario para fraccionar la altura total de la fábrica de ladrillo, se relacionan tangencialmente con los soportes estructurales.

El Gimnasio Maravillas *puede ser considerado el punto de inflexión en que arranca el camino intelectualista y ascético*[5] de A. de la Sota en palabras de Antonio González-Capitel Martínez. Proceso de creación complejo, al que se le suma el silencio sobre

---

[4] De la Sota, Alejandro. *Alejandro de la Sota. Arquitecto*. Madrid: Pronaos, 1989, p. 19.

[5] Capitel, Antón. "Alejandro de la Sota: una antología inconclusa" en *Arquitectura 233* (1981). Madrid: Colegio Oficial de Arquitectos de Madrid, 1981, p. 21.

la génesis del proyecto. Una génesis que incluye un levantamiento de los planos del solar realizado por A. de la Sota con anterioridad a noviembre de 1958, y un proyecto realizado por el arquitecto Alfredo Ramón-Laca Primo, que está fechado así mismo en noviembre de ese año y que comienza a construirse en 1959. *Algo debió de ir mal puesto que en 1960 la propiedad le encarga un nuevo proyecto a Alejandro de la Sota.*[6]

LAS CUALIDADES DE LA FUNCIÓN

El programa de necesidades que A. de la Sota desarrolla se complejiza con respecto al proyecto inicial de Alfredo Ramón-Laca, ya que mientras en el proyecto de este la actividad deportiva ocupa la totalidad del espacio en la sección, con la ubicación en la planta semisótano de una piscina y de un gimnasio en la planta primera, en el realizado por A. de la Sota se disponen nuevos usos en un alarde de la máxima adecuación y en una aplicación de la máxima economía. Todo un ejercicio gimnástico de arquitectura en la elaboración del objeto, con un cometido de mayor calado que el estrictamente deportivo.

El diccionario de uso del español de María Moliner define en su primera acepción gimnasio como *local con los aparatos adecuados, destinado a hacer gimnasia.* En una segunda acepción lo considera *traducción del nombre, que en algunos sitios, por ejemplo Alemania, tienen los establecimientos de segunda enseñanza.*

El Gimnasio Maravillas organiza un conjunto de usos complementarios que atiende en sus plantas inferiores, sótano y baja, a la práctica del deporte, en las intermedias a las salas de congregaciones, salas de antiguos alumnos y psicotecnia y en las altas, a Museo de Ciencias Naturales, Física, Sala de Conferencias, de Juegos, de Música, con el patio superior destinado a los juegos al aire libre. Y aun cuando esta multiplicidad de usos lo identifican con ambas acepciones reseñadas, presenta como tema de uso dominante el gimnasio a cubierto.

Usos deportivos en equilibrio con usos educativos y de almacenaje. La adecuación de todos ellos en una disposición funcional equilibrada, acorde entre las diversas partes, genera una relación coherente de los diferentes elementos con la totalidad del objeto. A la dificultad propia de la parcela que sirve de emplazamiento del Gimnasio se añade el problema de la organización apropiada de los diferentes usos que se proponen.

El acomodo de los diferentes usos caracteriza el ser esencial del objeto, la estructura formal profunda que le confiere identidad a la pieza arquitectónica.

[6] Baldellou, Miguel Ángel. *Gimnasio Maravillas, Madrid, 1960-1962. Alejandro de la Sota.* Colección Archivos de Arquitectura, España, siglo XX. Almería: Colegio de Arquitectos de Almería, 1997, p. 40.

LA ESTRUCTURA FORMAL

Estructura formal en evolución desde los gimnasios en el mundo clásico, aquellos que en el siglo V a. de C. adquirieron una mayor complejidad funcional al disponer, además de instalaciones al aire libre, diversas construcciones a cubierto. Establecimientos gimnásticos que en el siglo XVIII, Claude-Nicolás Ledoux formaliza en un edificio recreacional denominado *Portiques* -Gimnasio-, y que en los albores del siglo XIX, el arquitecto y profesor de la Ècole Royale Polytechnique, Jean Nicolas Louis Durand, sistematiza incorporándolos en las Academias.

Espacios deportivos a cubierto que, como consecuencia de la formulación de una reglamentación precisa de los diferentes deportes que eclosionan en el último cuarto del siglo XIX, han de alojar tanto la actividad gimnástica como los deportes que en ellos puedan tener lugar.

En las décadas iniciales del siglo XX en los países nórdicos, dos arquitectos de reconocido prestigio construyen sendos gimnasios escolares, enunciando unos principios invariantes que les presentan como modelos precursores y antecedentes del Gimnasio Maravillas. Erik Gunnar Asplund, en 1912, proyecta el Instituto de Enseñanzas Medias en Karlshamn (Suecia), incorporando un espacio para la práctica gimnástica a cubierto asociado al uso educativo. Una década más tarde, en 1921, William Marinus Dudok proyecta y construye la escuela Bavinck en Hilversum (Países Bajos), integrando el gimnasio como un componente más del programa del centro educativo. [7]

En España, la incorporación del gimnasio al sistema educativo la realiza la Institución Libre de Enseñanza de Francisco Giner de los Ríos en 1897. En 1932, el arquitecto y miembro fundador del GATEPAC -Grupo de Artistas y Técnicos Españoles por el Progreso de la Arquitectura Contemporánea-, Josep Lluís Sert López proyecta un grupo escolar en la avenida Bogatell en Barcelona. La inclusión de un gimnasio en el proyecto con una doble utilidad, vinculado al centro escolar y con acceso directo desde el exterior, pone de relieve la importancia de la cultura física en la educación integral del alumno.

Durante la etapa universitaria de A. de la Sota, en la España de los años treinta, es notorio el éxito que alcanza la arquitectura racionalista. En dicho contexto arquitectónico, dos reconocidos arquitectos del ambiente madrileño despiertan una notable atracción configurándose como personajes de referencia.

Ellos son el catedrático de Historia de la Arquitectura y las Artes Plásticas y conservador de la Alhambra de Granada, Leopoldo Torres Balbás y el polifacético Secundino Zuazo Ugalde, arquitecto de una singular personalidad con una destacada presencia en la vida pública y social de su época.

---

[7] López González, Cándido. *El espacio deportivo a cubierto. Forma y lugar*. San Vicente (Alicante): Editorial Club Universitario, 2012, p. 244.

Gimnasio Maravillas. Graderío, 2010.

Secundino Zuazo, de la misma manera que sus discípulos y colaboradores Carlos Arniches Moltó y Martín Domínguez Esteban, explora los procesos tecnológicos como un elemento significativo del proceso creativo de la arquitectura, incorporando en sus proyectos y obras a los ingenieros. Esta colaboración con los ingenieros, concretamente con Eduardo Torroja Miret, se materializa en dos obras referentes de la arquitectura deportiva española.

La primera, el Hipódromo de la Zarzuela, proyecto de 1934 de C. Arniches, M. Domínguez y E. Torroja. La obra se inicia en 1935 e, interrumpiéndose su construcción por la contienda civil española, se finaliza en 1941. La segunda, el Frontón Recoletos, proyectada en 1935 por S. Zuazo y E. Torroja y construida en un tiempo record, se inaugura en la primavera de 1936. A. de la Sota posee un conocimiento profundo de ambas y así lo hace explícito en el escrito de 1982, *Por una arquitectura lógica:*

> *Quisiera señalar dos ejemplos en que por haber dado entrada a otro dato más, y muy importante -el uso de la técnica, de la tecnología, de un ingeniero-, el logro fue un producto de cambio: el hipódromo de la Zarzuela y el frontón Recoletos. En los dos intervino una nueva técnica y un técnico capacitadísimo. Al lado de Arniches, Domínguez y Zuazo, la presencia de Eduardo Torroja fue el toque inevitable para el*

nuevo producto, la nueva posibilidad. Hacer arquitectura sin cambio tecnológico tiene el valor que siempre ha tenido, en el mejor de los casos.[8]

La componente tecnológica goza de una indudable relevancia para el autor del Gimnasio Maravillas. Las construcciones de los ingenieros están presentes en su paradigma arquitectónico desde 1956.

El gimnasio cuyo proyecto causa un mayor impacto en España, se construye en Madrid entre 1960 y 1962, el Gimnasio Maravillas de A. de la Sota. La obra construida, que aúna deporte y arquitectura, resuelve con gran audacia el problema topográfico de su implantación, formaliza con la estructura un doble espacio deportivo, al aire libre y a cubierto, y satisface las *conocidas exigencias de luz y aire.*

El proyecto responde a la necesidad de resolver los problemas planteados, problemas múltiples y repetidos a los que la arquitectura como hecho abstracto e impersonal ha de ofrecer una respuesta exacta y precisa. Respuesta que en palabras de A. de la Sota debe repetirse, *la arquitectura intelectual se repitió siempre. Hasta hoy no se habla de hastío en la repetición de la arquitectura.*[9]

El edificio, su forma y su uso, se entienden como una globalidad, adquiriendo cada una de sus partes sentido en un conjunto unitario y contribuyendo solidariamente.[10]

El valor unitario que la obra de arquitectura adquiere implica que han de comprenderse las partes en su ser esencial, en su estructura formal profunda.

Estructura formal presente a través de la sección transversal, a través de la generación de un lugar de múltiples valores espaciales, que permite a la vez que se llevan a cabo diferentes actividades a cubierto, la utilización del espacio sobre la cubierta para desarrollar actividades de recreo u ocio al aire libre.

Ritmos, secuencia y modulación construyen el espacio interior, sin dejar ningún elemento al azar. Espacio deportivo interior descentrado, con un desplazamiento lateral, desequilibrado en su centralidad por la presencia de un graderío de espectadores en el lado norte y una galería de circulación en el lado este.

El graderío adopta una disposición simétrica respecto al eje transversal del campo de juego, y considerado un elemento funcionalmente secundario, *relegado pero no olvidado,* se ofrece con una elevada pendiente y con los soportes estructurales metálicos fraccionando la visión de la acción deportiva desplegada en el campo de juego.

---

[8] De la Sota, Alejandro. "Por una arquitectura lógica" en Puente, Moisés. *Alejandro de la Sota. Escritos, conversaciones, conferencias.* Barcelona: Gustavo Gili, 2002, p. 71.

[9] De la Sota, Alejandro. Ibíd., p. 70.

[10] Baldellou, Miguel Ángel. *Gimnasio Maravillas, Madrid, 1960-1962. Alejandro de la Sota*, p. 86.

LA CUBIERTA

La tecnología, a mayores de la ya mencionada luz estructural única, reconoce como un elemento complejo la cubierta de los edificios que contienen el deporte como actividad principal. La cubierta de estas instalaciones deportivas que, en múltiples ocasiones, se expresa en su presencia formal a través de una enérgica intencionalidad plástica, en el caso del Gimnasio Maravillas exhibe una significativa dimensión que le permite alojar usos en su interior.

Dimensión que se refleja en su membrana interior en la contracción del volumen en el punto central del espacio útil deportivo mientras que en su capa externa la expansión del espacio al aire libre incorpora las percepciones lejanas, sobre el mar de cubiertas y arbolado urbano.

Espacio exterior que actúa como mirador, terraza, campo de juego al aire libre incorporando unos tragaluces, sin manifestación volumétrica, que proporcionan iluminación natural a los usos del interior de la cubierta. Los continuos problemas de filtraciones de agua provocaron la supresión de estos tragaluces.

Desde el referido espacio exterior, patio de recreo del Colegio, los puntos de acceso al interior del Gimnasio adoptan una posición en los ángulos posteriores de la planta, desarrollando en su verticalidad desplazada, los elementos de comunicación de modo discontinuo.

LA LUZ

El encuentro de la cubierta con el paramento de la fachada formaliza la entrada de la luz y el sol al espacio deportivo, esto último debido a la orientación sur de la parcela. A. de la Sota en la memoria del proyecto, en mayo de 1960, establece como destino del Gimnasio tanto la actividad de gimnasia escolar como la celebración de deportes de equipo con el soleamiento en toda su superficie de uso.

Sol en un espacio del deporte: un contrasentido. El soleamiento ha de controlarse para evitar los molestos deslumbramientos mientras los deportistas desarrollan la práctica deportiva. En los dibujos del Gimnasio, el control se establece mediante una persiana de lamas regulables en la parte vertical del hueco acristalado y con un toldo exterior en las láminas de cristal inclinadas. Al igual que los deportistas, también los espectadores se ven afectados por la ausencia de mecanismos de control del soleamiento. La posición del graderío, a contraluz, así lo evidencia.

El autor del Gimnasio no considera el deporte de competición en su ideación, y por tanto la necesidad mercantilista queda relegada. El acceso al graderío desde la calle Joaquín Costa, cuando menos dificultoso, denota su relativa consideración incorporándose al recinto como un elemento que lo dota de polivalencia, de versatilidad de usos.

La actividad deportiva, aún en su nivel más elemental, precisa de unas condiciones homogéneas de iluminación, de un control de la luz natural. La orientación de la única fachada del Gimnasio, en la cual se practican aberturas para incorporar la luz natural al espacio interior dificulta el logro de las condiciones lumínicas óptimas de la instalación deportiva.

La iluminación natural proveniente de lo alto, la luz cenital, inunda el espacio del deporte, complementándose con la luz lateral que atiende a las necesidades planteadas por el resto de usos considerados. Esta disposición de la luz cenital en el ámbito deportivo permite el empleo de la parte inferior del muro lateral para amueblarse con espalderas.

La iluminación artificial en el espacio deportivo se independiza de la procedencia de la luz natural y se dispone en la parte más alta de los soportes metálicos, de manera simétrica en ambos lados del campo de juego. Mientras que, en la planta tercera, intermedia, destinada a las aulas y a diferentes salas, coincide en su ubicación con la luz natural reforzando la posición de los tragaluces.

La luz se presenta como el ser sustancial constitutivo del elemento construido, de la arquitectura verdadera. *La luz es esencial a la arquitectura, de tal forma que no existe arquitectura sin luz*[11], con esta breves palabras Jesús Mª Aparicio Guisado fortalece la idea kahniana de la luz como un componente fundamental del espacio, que A. de la Sota conquista en la obra del Gimnasio Maravillas.

LA ESCALA

Obra de múltiples escalas, escalas diversas que se enuncian en las diferentes partes del objeto.

Los elementos arquitectónicos empleados la remiten a una escala doméstica. El espacio deportivo interior adquiere una significativa dimensión mientras el volumen resultante exterior se oculta parcialmente, mediante la ya comentada inserción en el lugar, no percibiéndose el objeto en su totalidad.

La recreación topográfica a través del muro como elemento límite en un ambiente hostil, de ruido determina la frontera entre el universo exterior y el espacio deportivo. Límite que presenta un resquicio, una oquedad en el punto extremo superior de la planta baja como lugar de cobijo, como señal y referente en el espacio urbano más próximo. Funcionalmente, el punto de acceso al Gimnasio y a través de él, al Colegio.

A. de la Sota valora el interior del espacio deportivo mediante la secuencia dinámica de recorrido desde el espacio exterior a cielo abierto, pasando por un espacio de

[11] Aparicio Guisado, Jesús María. *El muro*. Madrid: CP67 Librería Técnica, 2000, p. 22.

Gimnasio Maravillas. Cerramiento de pavés en las aulas sobre el espacio deportivo, 1984.

reducidas dimensiones hasta percibir la totalidad del espacio deportivo interior en su completa magnitud.

El objeto arquitectónico se presenta como una *pequeña* instalación deportiva con la escala de lo cotidiano como valor singular. El arco visual de ciento ochenta grados de los miradores en la planta tercera restituye al muro la escala urbana, recompone la relación entre interior y exterior. Escala urbana que se refuerza en la consideración de la cubierta como plaza, como lugar de encuentro.

Escalas de las partes y la totalidad del objeto, que poseen una expresión propia mediante la representación gráfica, mediante unos dibujos intencionados, manufacturados, reflejo de una ideación intensa.

EL DIBUJO

Ideación del objeto deportivo reflejada en unos apuntes gráficos expresados mediante los sistemas diédrico y cónico, indistintamente. La necesidad de un mayor grado de definición de las partes del objeto provoca la aparición del sistema axonométrico.

Los dibujos de A. de la Sota se confeccionan con el fin de construir el objeto, se elaboran como un instrumento, como una herramienta útil al servicio de la arquitectura a la vez que como medio gráfico de expresión poseen un valor plástico indudable. Dibujos que reflexionan en un movimiento pendular de afirmaciones y dudas, en un proceso de análisis y síntesis.

Y aun cuando el dibujo se presenta como manifestación de la intención de ser de la pieza arquitectónica y como expresión y representación de su estructura formal interna, la ausencia de un orden temporal que registre los planos con relación al proceso creativo provoca un cierto grado de confusión en la lectura e interpretación del objeto deportivo.

La *Memoria* del proyecto del Gimnasio, publicada, describe la entrada a los vestuarios en el nivel alto del graderío, en la planta segunda, y los aseos en la primera planta. La existencia de un plano de la planta tercera con la incorporación de una rampa en al acceso desde la cubierta del patio de juegos hasta la planta segunda en lugar de la escalera finalmente ejecutada, así como un dibujo de color que describe la continuidad de la rampa hasta el nivel de la planta baja, el acceso por la calle Joaquín Costa reflejan los titubeos y vacilaciones del arquitecto en el proceso interno de la construcción, con sus ritmos desiguales y sus discontinuidades.

Los planos del Gimnasio, profusamente publicados, presentan discordancias entre las plantas que lo describen, entre ellas y la sección transversal. No cabe la menor duda que intencionadas. Baste recordar las palabras de A. de la Sota en la introducción al libro editado por Pronaos en 1989:

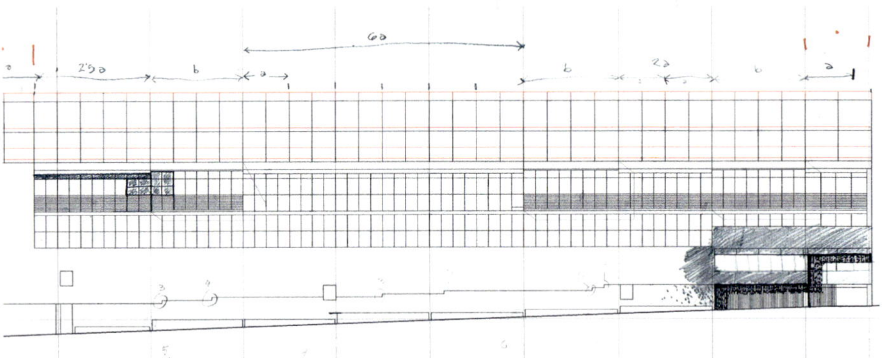

Gimnasio Maravillas: Acceso desde la calle Joaquín Costa. Dibujo analítico. Acceso exterior, vista desde el interior. Vestíbulo interior, vista de la cancha de juego.

En esta recopilación de trabajos escasean los detalles en cada uno de los proyectos y obras; conscientemente han sido casi siempre suprimidos. Es frecuente la insistencia de su petición para incluirlos en las publicaciones como si fueran lo más importante de un edificio, sabiendo que estos detalles son intrínsecos. Yo, más bien a esta omisión deliberada la pondría como posible ejercicio al estudioso para que el mismo viera cómo con un principio único pueden cogerse distintos caminos en el desarrollo de la obra, echando por tierra lo aquí mismo dicho de que son intrínsecos a la propia obra.[12]

Matices, desajustes, desacuerdos, ciertas contradicciones o ajustes gráficos manifestados durante el proceso de redibujo relativizan el valor del dibujo como elemento fidedigno de la realidad construida, para establecer un campo de posibilidades, la intencionalidad, el querer ser como clave de su comprensión.

LAS DIMENSIONES REGLADAS: EL CAMPO DE JUEGO

El análisis del espacio útil deportivo realizado a través de los planos redibujados, utilizando los parámetros relativos al campo de juego y sus zonas de seguridad, permite establecer la capacidad que posee el Gimnasio para alojar a las diferentes especialidades deportivas.

Especialidades deportivas, actividades vivas, en evolución constante en su normativa, como resultado de los cambiantes requerimientos fruto de la dinámica social que la propia actividad genera. La aplicación, en una estricta consideración, de la actual normativa deportiva para instalaciones en las que se celebren competiciones de carácter oficial al equipamiento deportivo construido en los años 60, permite afirmar que el volumen principal del mismo no podría albergar hoy especialidades deportivas como las citadas en la Memoria del proyecto: baloncesto, balonmano, hockey sobre patines.

En el caso del baloncesto, aunque la instalación satisface la superficie mínima requerida en planta, 19 x 32 metros, para el campo de juego y las zonas de seguridad, no se alcanza a cumplir la altura mínima necesaria, 7 metros.

Sin embargo, durante unos meses de 1965, el Gimnasio fue pista de juego temporal en los campeonatos oficiales de la sección de baloncesto del Real Madrid, C.F. mientras se finalizaba la construcción del Pabellón de la Ciudad Deportiva, al ser demolido el Frontón Fiesta Alegre, cancha adaptada y recinto de juego a cubierto de dicha sección entre 1952 y 1965.

Los otros dos deportes precisan de una mayor dimensión en planta del espacio útil deportivo que la presente en el Gimnasio, el balonmano de 22 x 44 metros y el

[12] De la Sota, Alejandro. *Alejandro de la Sota. Arquitecto*, pp. 17-18.

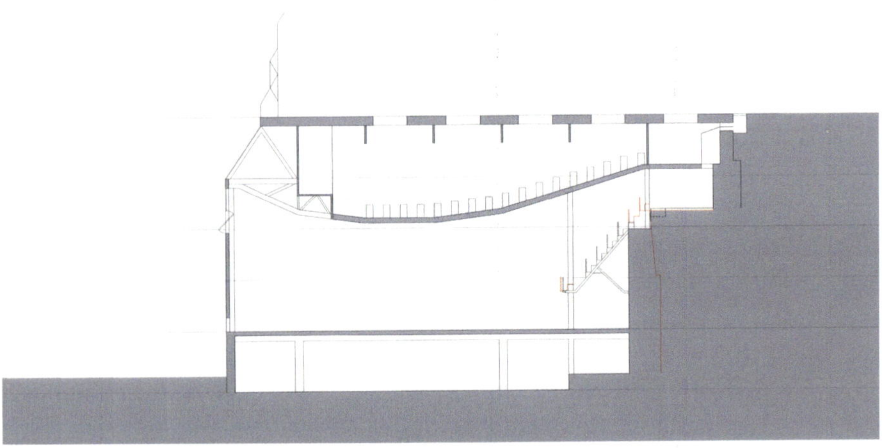

Gimnasio Maravillas. Soleamiento. Sección transversal.

hockey sobre patines de 22 x 42 metros. El Gimnasio no dispone de la superficie mínima para desarrollar su práctica con seguridad.

Con relación a la actividad gimnástica, la que le confiere la denominación de Gimnasio a la pieza arquitectónica, se pone de relieve la inadecuación del mismo para las pruebas de gimnasia deportiva considerando las medidas y el número de aparatos gimnásticos en las competiciones deportivas, seis para la masculina y cuatro para la femenina, ya que incumple las dimensiones mínimas recomendadas para el espacio útil deportivo de competición, 22 x 44 metros.

Deportes con una menor demanda de espacio útil como el boxeo, la esgrima, la halterofilia, el judo, el kárate, la lucha, el squash, el taekwondo y el tenis de mesa podrían practicarse en modo competición en la instalación deportiva.

El incumplimiento de estas mínimas condiciones espaciales para la práctica del deporte de competición no impide la celebración de actividades deportivas vinculadas a la actividad escolar o a la práctica del deporte de recreo u ocio.

CONCLUSIONES

El conjunto de las variables analizadas para el Gimnasio Maravillas desvelan el significado profundo del objeto arquitectónico.

Variables que en la dimensión de la forma establecen la única luz estructural de la pieza deportiva como el elemento que genera un espacio nuclear dotado de centralidad, independientemente de la posición relativa del campo de juego con relación a los elementos de borde.

Variables que en la cualidad de la función evidencian la multifuncionalidad, la polivalencia y la versatilidad del Gimnasio, reflejando el carácter híbrido del espacio deportivo.

Variables que en la estructura formal reconocen las invariantes formales que explican el ser esencial, la sustancia profunda postergando la apariencia epidérmica, que establecen la raíz común con otras estructuras elaboradas en respuesta a las necesidades de su momento.

Variables que en la formalización de la cubierta como un cuerpo con dimensión significativa corroboran su importancia funcional a la vez que la caracteriza expresivamente mediante una plástica y simbólica propia con un orden estructural singular.

Variables que en la iluminación fijan la luz natural, la luz natural cenital proveniente de lo alto como aquella que posee la capacidad de iluminar de modo homogéneo el campo de juego, sin molestos deslumbramientos. Así mismo esta posición de la fuente lumínica lleva aparejado un efecto psicológico doble: fija la atención del espectador en el ámbito de juego y mejora la concentración del deportista en la acción deportiva.

Variables que en las dimensiones regladas: el campo de juego determinan la incapacidad que la pieza arquitectónica posee para alojar deportes en modo competición, deportes con requerimientos dimensionales de cierta magnitud, sin que ello imposibilite la celebración de eventos deportivos con una menor demanda del espacio útil deportivo así como el desarrollo de acontecimientos deportivos vinculados a las actividades escolares o de ocio y recreo.

El reconocimiento de las características esenciales del Gimnasio Maravillas a través del análisis exhaustivo de sus componentes permiten concluir que las afirmaciones de K. Frampton y W. Curtis, aquellas referidas al innecesario conocimiento directo de la obra arquitectónica y a la banalidad de reconocer las fuentes que influyeron en su ideación respectivamente, no son válidas en el caso que nos ocupa.

Nos encontramos en condiciones de afirmar que, contrariamente a sus manifestaciones, el estudio exhaustivo mediante el conocimiento directo así como el establecimiento de los precedentes en la tradición arquitectónica constituyen elementos sustanciales que permiten comprender el Gimnasio Maravillas en su esencia.

Finalmente, proclamar que, como se evidencia a través de la lectura del texto de la pieza de bronce ubicada en la fachada del Gimnasio Maravillas, es imposible decir *más en menos*.

CÁNDIDO LÓPEZ GONZÁLEZ

Doctor arquitecto por la UDC en 2011, es Máster en Patología y Restauración Arquitectónica por la UDC, Posgraduado en Paisaje, Ordenación del Territorio e Impacto Ambiental por la UPC y Especialista en Equipamientos e Instalaciones deportivas por la UPM. Desenvuelve su actividad docente como Profesor Contratado Doctor del Área de Urbanística y Ordenación del Territorio del Departamento de Proyectos Arquitectónicos y Urbanismo de la ETS Arquitectura de A Coruña. Editor de diversas publicaciones, es el autor del libro *El espacio deportivo a cubierto. Forma y lugar* (2012).

MARÍA CARREIRO OTERO

Doctora arquitecta por la UDC en 2003, es Profesora Contratada Doctora del Área de Proyectos del Departamento de Proyectos Arquitectónicos y Urbanismo de la ETS Arquitectura de A Coruña. Ponente en diversos congresos, editora de numerosas publicaciones, publica los libros *Los espacios cotidianos. La casa y el lugar* (2006), *El pliegue complejo. La escalera* (2007) y *Siete escaleras, siete casas* (2010). Desarrolla como Investigadora Principal del grupo MAGA el proyecto de investigación "Mujeres Arquitectas de Galicia. Su papel en la profesión y en la enseñanza de la profesión".

Ambos investigadores forman parte del Grupo de Arquitectura y Urbanismo Sostenible -GAUS- de la UDC. Desarrollan su actividad profesional desde el año 1989, tanto en el campo de la arquitectura como del urbanismo, asociados en el despacho *mccl arquitectos*. Han sido galardonados con diversos premios en concursos de arquitectura. Sus obras han sido publicadas en revistas y catálogos especializados.

Gimnasio Maravillas. Detalle.

EL PROCESO CREATIVO EN ALEJANDRO DE LA SOTA
El método lógico

José Benito Rodríguez Cheda
ETSA Coruña

TRES OBRAS: GIMNASIO MARAVILLAS (1961); VIVIENDA UNIFAMILIAR PARA EL SR. DOMÍNGUEZ EN LA CAEIRA (1976), PONTEVEDRA Y URBANIZACIÓN EN ALCUDIA, MALLORCA (1984).

1. "El proceso creativo en Alejandro de la Sota" [1], es el título y el tema que pretendo desarrollar en este escrito; en otras palabras y de un modo más coloquial y no por eso menos preciso, podría decir: ¿cómo proyectaba Alejandro de la Sota?

Es una pregunta pertinente y, de hecho, muy importante para un arquitecto y sobre todo para alumnos y profesores de una escuela de arquitectura que son a los que va dirigido principalmente esta reflexión. Es importante esta pregunta porque, se supone que si sabemos cómo proyecta un arquitecto, probablemente podamos imitarle, proceder de un modo parecido. En arquitectura, aprender, al fin y al cabo, más que copiar unas determinadas formas o unos determinados edificios, consiste en imitar unas determinadas actitudes: el *ethos* de un maestro.

Dicho esto, lo primero que me parece oportuno señalar antes de adentrarnos en el meollo de la cuestión, es que, en mi opinión, Sota no proyectaba con un método; es más, pienso que ningún arquitecto lo hace. No hay método o métodos para proyectar en arquitectura y si los hubiese, no serían ni mucho menos lógicos. En arquitectura a lo sumo existen estrategias, "estrategias proyectuales", modos de aproximarse al proyecto, tácticas para abordar la forma arquitectónica. Estudiar estas estrategias, enseñarlas, es muy importante en una escuela de arquitectura e incluso para cualquier arquitecto; se trataría, por tanto, no sólo estudiar edificios, sino de conocer, también, actitudes, el talante, los prejuicios si se quiere, con los que los mejores arquitectos, los maestros, abordan un proyecto determinado, abordan los problemas de la forma arquitectónica. Dicho esto, si queremos saber cómo proyectaba Sota u otro arquitecto que merezca este nombre, más que preguntarnos

---

[1] Alejandro de la Sota se preocupa del proceso creativo en la arquitectura, de un modo explícito, en una larga entrevista realizada por los alumnos de la ETSAM y recogida en una publicación que titulaban significativamente, "Método". Método; publicación de la 119ª promoción de la ETSA de Madrid, 1968; "Entrevista con Alejandro de la Sota".

por el método debemos más bien, preguntarnos por el humus, el caldo de cultivo que hace posible la aparición de su arquitectura. Ese humus, ese caldo de cultivo, dependerá fundamentalmente de dos cosas: primero, de la idea de arquitectura que tiene cada arquitecto: segundo, de las experiencias previas -proyectos-, ya sean construidos o no, que haya realizado y tercero, con la sensibilidad, o si se quiere con todo el mundo del subconsciente personal que, por su misma naturaleza, es de difícil aprehensión y expresión.

2. ¿Qué idea de Arquitectura tiene Alejandro de la Sota? Sintetizaría la idea de Arquitectura de Sota transcribiendo las tesis de un brevísimo y conocidísimo escrito de Mies van der Rohe denominado, precisamente, "Tesis de trabajo". Copio,

> *Rechazamos reconocer problemas de* ***forma****.*
> *La* ***forma*** *no es el objetivo de nuestro trabajo,*
> *Si no el resultado.*
> *La* ***forma*** *por sí misma no existe.*
> *La* ***forma*** *por sí misma es formalismo y lo rechazamos.*

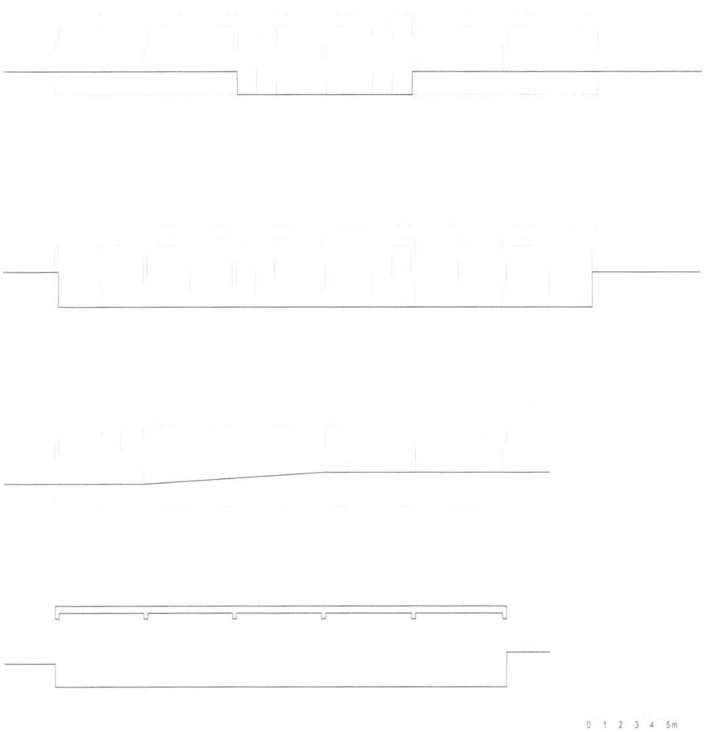

Parvulario del Colegio de los Hermanos Maristas en La Coruña. 1974.
Alzados y sección (redibujado por Pablo Rodríguez, 2014).

Nuestra tarea es liberar la práctica constructiva del control de los especuladores estéticos y restituirla a aquello que debiera ser exclusivamente: ***construcción.*** [2]

En este brevísimo texto, en estos aforismos, está, como decía, toda la idea de Arquitectura de Alejandro de la Sota; podría esquematizarse así:
a) Decidido anti-formalismo.

Entiendo la Arquitectura hoy, sin forma. [3]

b) Forma como resultado de un proceso lógico.
c) Forma no buscada por sí misma.
d) La Construcción en el origen de la forma arquitectónica.

Podría definirse la Arquitectura como Construcción con alma. [4]

3. Este modo de ver la forma arquitectónica deviene necesariamente y lógicamente en una sobrevaloración de la Tecnología que, en Sota, se transmuta en una admiración -sin condiciones- por la forma de proyectar de los ingenieros -civiles, navales, aeronáuticos, ...- y por los objetos que producen. Los textos de Sota en este sentido son abundantísimos:

Este Dural se emplea con una pureza que pudiera usarlo un ingeniero, que no hace arquitectura que es cuando sale tan pura la arquitectura tal vez la actual. [5]

¿Un Concorde o una escultura? Creo que ni puede plantarse; ellos, los de los Concordes son los artistas. [6]

Los ingenieros construyen sus puentes sin esfuerzo; el tendido de una autopista es un hecho físico incontrovertible que no necesita firma. [7]

... un petrolero y una Miss España; bellísima realmente, Paquita Rico... [8]

---

[2] Mies van der Rohe, Ludwig: "*Tesis de trabajo*", 1923; publicada por primera vez en el primer número de la revista "G".

[3] De la Sota, A.; Alejandro de la Sota, *Memoria del proyecto para el "Museo provincial de León", ed. Pronaos, p. 190, Madrid 1989.*

[4] De la Sota, A.; en La Huerta J.J.; Pizza, A.; *Catálogo de la exposición de Alejandro de la Sota en la Galería CRC*, "Presentación", Barcelona 1995.

[5] De la Sota, A.; "Sesión de crítica de una Capilla en el Camino de Santiago", p. 24, en *RNA nº 161*, Madrid 1955.

[6] De la Sota, A.; en *Método*, publicación de la 119 promoción de la ETSAM.

[7] Fullaondo, J.D.; "... notas de sociedad", en *Nueva Forma nº 109*, Madrid, diciembre 1974.

[8] Fullaondo, J.D.; "... notas de sociedad", en *Nueva Forma nº 109*, Madrid, diciembre 1974.

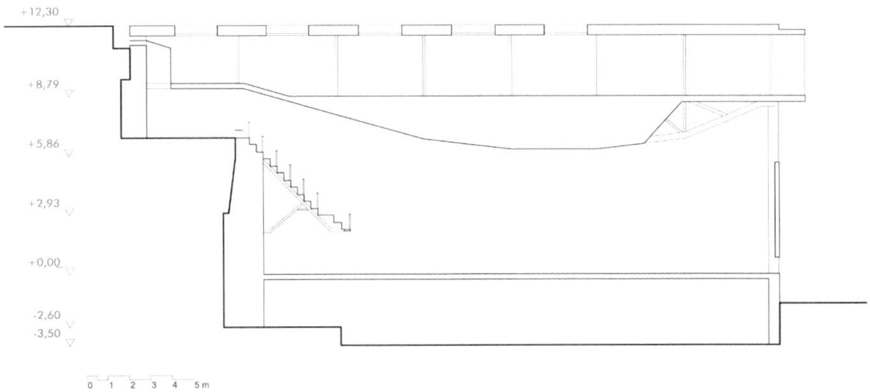

Gimnasio Maravillas. Sección transversal (redibujado por Cándido López y Pablo Rodríguez, 2014)

Resumiendo, podríamos decir que en Sota hay una decidida negación de la Arquitectura como Composición, como búsqueda autónoma de la forma; que proyectar en Arquitectura consiste fundamentalmente en resolver;

> *Todos sabemos de tanta importante arquitectura que lo es precisamente por haber resuelto totalmente y arquitectónicamente un problema planteado sin más y con toda su altura.* [9]

y que el proceso proyectual, que algunos han denominado "de caja negra", comienza por hacerse la pregunta oportuna, adecuada. En otras palabras, el origen de la forma arquitectónica no está en la forma arquitectónica. Los problemas que se plantean en arquitectura no son de estilo ni de lenguaje; son técnicos, de uso, de acondicionamiento, de ergonomía, etc.

4. Llegados a este punto, no podemos dejar de hablar del dibujo como herramienta del proyecto arquitectónico. Pues bien, tengo que decir que:

> - Sota dibuja extraordinariamente bien; es un dibujante excepcional, incluso cuando dibuja arquitectura.
>
> - Los ingenieros, a los que tanto admira, no saben dibujar, y ... sin embargo todos los objetos que producen, desde un puente a un barco o un coche, no sólo son significativos, sino que son hermosos, casi siempre de una belleza deslumbrante. El dibujo es para ellos, fundamentalmente, adecuación o ajuste dimensional; nunca una herramienta de tipo plástico, estético. No creo que para Sota sea lo mismo, pero sí que hay en Sota una voluntad decidida de silencio,

[9] De la Sota, A.; "Comentarios sobre concursos", en *Arquitectura nº 128*, p.17, Madrid 1969.

Gimnasio Maravillas. Interior, 2013.

de esquematismo, de renuncia expresiva. Sus planos -siempre muy pocos, incluso en los proyectos de ejecución- funcionan, podríamos decir que como una partitura musical: son esquemas dimensionales que permiten la ejecución de la obra; no son un adelanto de cómo va a ser la obra finalizada. Porque, además, en Sota, el momento proyectual se dilata hasta la finalización misma de la obra. Y esto es posible, precisamente, por la indefinición del proyecto en sus planos y en sus documentos.

Recojo también algunas frases significativas al respecto:

(La) Arquitectura es un proceso mental. [10]

Creo más en una Arquitectura pensada que dibujada. [11]

... uno se opone a estos festivales gráficos. [12]

Abogo porque no se dibuje una sola raya mientras nuestra obra no esté definida en el interior de nuestro cerebro. [13]

[10] De la Sota, A.; Alejandro de la Sota, "Recuerdos y experiencias", ed. Pronaos, p. 17, Madrid 1989.

[11] De la Sota, citado por M. Bayón en *Arquitecturas Bis nº 1*, p. 25, Barcelona 1974.

[12] De la Sota, A.; *"Palabras de Alejandro de la Sota en la inauguración de la Galería "CRC" de Barcelona"*, Barcelona 1985.

[13] De la Sota, A.; *Alejandro de la Sota, "Recuerdos y experiencias"*, ed. Pronaos, p. 17, Madrid 1989.

En aquella época me recorrí cantidad de pueblos, no copiando ni haciendo fotografías, sino que al volver,... recordaba lo que había visto e incluso creo que al recordarlos y dibujarlos inventé algo nuevo. [14]

Veamos ahora cómo funcionan estas ideas aplicándolas a las tres obras señaladas en el título de este escrito.

5. Comencemos por el Gimnasio para el Colegio Maravillas. Está en Madrid, en la calle Joaquín Costa; por lo tanto en el espacio dejado tras la demolición de las antiguas murallas y cuyas calles se han dado en llamar significativamente "Rondas". Muy cerca por tanto del Paseo de la Castellana, de lo que hoy es Azca y por tanto, también muy cerca del edificio del Banco de Bilbao de F.J. Sáenz de Oiza. El colegio pertenece a los hermanos de La Salle. Está construido sobre un terraplén que salvaba un gran desnivel entre el Colegio y la calle Joaquín Costa. El programa consistía en lo que hoy podríamos denominar "*mixed use*": gimnasio, aulario, patio de juegos descubierto y circulaciones varias (de hecho, el Gimnasio podría ser calificado como un gran propileo cubierto). Tipologías pues, y usos que, en principio, serían incompatibles.

Por parte de la propiedad, no hay, propiamente, una demanda de Arquitectura, ni siquiera con minúsculas. La propiedad tiene un problema funcional, de espacio y quiere resolverlo (en un solar imposible); ¡y nada más! Quiere resolverlo actuando sobre la única parte libre del solar, un terraplén con un importante desnivel. Por otra parte, los recursos económicos son, naturalmente, escasos. Un problema, por tanto, perfectamente acotado, claramente delimitado, con pocas variables y poco sitio para alegrías formales o de otra índole.

Por otra parte, debemos plantarnos ¿cuál era la situación profesional de Alejandro de la Sota entonces?; ¿qué camino había recorrido?; ¿cuál era su bagaje? Sota, entonces, acababa de abandonar su período que podríamos denominar historicista-regional-rural -que en la arquitectura de Sota no son adjetivos peyorativos-, y había construido o estaba construyendo TABSA, el Gobierno Civil de Tarragona y la Residencia infantil en Miraflores de la Sierra con J. A. Corrales y R. Vázquez-Molezún. Podríamos decir que Sota está preparado para dar el salto y convertirse en lo que se convirtió: en ¡Sota! Estaba preparado, aunque a mí me parece que todavía le faltaba un grado de concisión e intransigencia, que alcanzará y cultivará a partir de las obras del Gimnasio.

Pensemos en el Gobierno Civil de Tarragona. Deseo traerlo aquí, ahora, para contraponer, o mejor, comparar su proceso de ideación con el proceso de ideación del Gimnasio. Todas las circunstancias indican que el proyecto para el Gobierno Civil demandaba Arquitectura; Arquitectura con mayúsculas. Demandaba, Forma; Representatividad; Presencia. El encargo es fruto de un concurso y ya se sabe lo que

[14] De la Sota, A.; *Alejandro de la Sota, "Recuerdos y experiencias"*, ed. Pronaos, p. 106, Madrid 1989.

Gimnasio Maravillas. Calle Joaquín Costa, 2012.

es un concurso: maniobras de seducción, grafismo, formalismo, espectacularidad...; además el edificio era un ¡Gobierno Civil!, con lo que conlleva de frontalidad, expresión del poderío del Gobierno Central, institucionalidad, etc. En principio, todo lo contrario a la idea de Arquitectura que está gestándose en la mente de Alejandro de la Sota, que no es una Arquitectura, sino, más bien como él mismo decía, una anti-arquitectura. Sospecho, por tanto, que el proyecto del Gobierno Civil no fue un proyecto fácil para él; no fue fácil, en el sentido de que fue laborioso en su formalización y tiene un grado de complejidad que no tienen otros proyectos de Sota. La dificultad del proyecto se demuestra en la propia explicación que Sota hace del mismo con unos dibujos esquemáticos a mano alzada en los que abundan las referencias arquitectónicas y formales.

Todo lo contrario ocurre en el Gimnasio del Colegio Maravillas. En el Gimnasio se plantean problemas concretos, perfectamente determinados y casi irresolubles. No hay casi espacio para divertimentos formales, para la arquitectura, como diría Sota. En este contexto determinado -no sobredeterminado, como suelen ser los proyectos de arquitectura- Sota **resuelve** el problema con facilidad, precisión, rapidez, exactitud y sensibilidad. Se tiene la sensación de que el proyecto apenas le costó esfuerzo, ¡lo hizo en una tarde! Hasta parece que no hay dudas, indecisiones o vueltas atrás. Y así, de un proyecto, que "sólo tiene dos pases", utilizando una terminología taurina, Sota saca petróleo: el edificio se convierte, quizá, en el icono de la Arquitectura Moderna en España.

El proyecto se resuelve en sección, ¡naturalmente! No existe ninguna imagen que lo pueda preceder; no hay demanda de Arquitectura, ni hay dinero -"*la construcción (economía) frena, gracias a Dios la arquitectura*" [15], decía el propio Sota- y afortunadamente, el edificio sólo tendrá una fachada. Su estrategia consistirá, por tanto, en la mera resolución de un problema perfectamente definido, delimitado; en la renuncia a superfluas intenciones estéticas y en la sensibilidad -sencillez, elegancia, sutileza, etc- aquel "*contentarse con poco*", que escribía María Zambrano refiriéndose a Pedro Salinas.

Sota, para resolver el problema de la cubierta del Gimnasio y simultáneamente poder disponer de un patio de juegos a cielo abierto, inventa una solución genial u obvia, según se mire: utiliza las cerchas que empleara en los talleres de TABSA en Barajas, colocándolas en una posición invertida (dispone el cordón de tracción recto en la parte superior y la directriz curva en la parte inferior). Con esto, resuelve el patio y la iluminación de la cancha del polideportivo. Las aulas, las dispondrá en anfiteatro alojándolas en el canto de las cerchas.

¡Qué fácil!, ¡qué inteligente!, ¡qué sutil! Y, ¡qué... coherencia!

Todo en el Gimnasio es tan maravilloso, tan en su sitio, tan inevitable que parece un auténtico milagro. Pero todas las circunstancias que concurrieron en esta obra de Sota es difícil que se vuelvan a dar. "*La Arquitectura es una realidad sobredeterminada*", decía Víctor d'Ors; un edificio no es un puente, una autopista o un avión, como le gustaba decir a Sota y por tanto, proyectar en Arquitectura es algo más que resolver.

No resulta tan fácil como el proyecto del Gimnasio podría darnos a entender. Tengo para mí, que es en este sentido como se expresaba Rafael Moneo cuando escribía:

> *Debo reconocer que en algunos momentos siento una enorme admiración ante el descubrimiento de lo esencial, de lo trascendente, que se produce, desgraciadamente rara vez, en algunas operaciones elementales de construir. Pocas veces en manos de arquitectos.* [16]

No estoy seguro de que Sota se diese cuenta de todo esto pero, enseguida, desplaza el centro de su discurso sobre la Arquitectura de la importancia de la tecnología a la

---

[15] De la Sota, A.; *Alejandro de la Sota, Memoria para el "Centro de cálculo para la Caja Postal de Ahorros de Madrid"*, ed. Pronaos, p. 152, Madrid 1989.

[16] Moneo, R.; *El Croquis*, nº 64, Madrid 1994.

primacía de la idea. Él seguirá pensando que la Arquitectura consiste en "resolver", que un edificio, como un buen coche, no debe ser notado, que el proyectar debe ser algo fácil -si se tienen los conocimientos técnicos adecuados y si se plantea bien el problema-, pero la forma nacerá principalmente de la idea. La idea feliz que resuelve todos los problemas que plantea el proyecto y que en última instancia permite formalizarlo. Así, en muchos de sus edificios posteriores al Gimnasio, su estrategia proyectual consistirá, no en resolver, sino en indagar, en proponer una idea capaz de generar la forma arquitectónica.

Lo podemos apreciar en los edificios que me propongo comentar a continuación: la vivienda para el Sr. Domínguez en La Caeira, Pontevedra, y el proyecto para una urbanización en Alcudia, Mallorca.

Gobierno Civil de Tarragona. Maqueta, en la exposición "Fisac-de la Sota: Miradas en paralelo", museo ICO, 2013.

6. Vivienda en La Caeira. Los elementos morfológicos, lingüísticos, de esta casa los podemos encontrar en una vivienda anterior -próxima en el tiempo- que proyecta en Madrid, en concreto, en la casa Guzmán en la urbanización Santo Domingo, Algete.

Parece que Sota no dibuja una sola línea hasta que da con la idea capaz de generar su forma. Hasta entonces, no sabe cómo va a ser la casa. Por supuesto, tiene una idea muy precisa del programa, conoce el entorno, a los usuarios, la climatología local, etc. Todas estas variables constituyen los prolegómenos del proyecto, pero no dan ni una sola pista sobre su forma. Hasta aquí, el proyecto está como estancado; no progresa, ni puede progresar; falta la idea. Sin embargo, Sota, en un momento determinado, parece recibir una iluminación -se le enciende una bombilla- al leer o recordar un texto de Eero Saarinen. El mismo lo relata:

> *Recuerdo un croquis de Eero Saarinen, en que decía que el hombre, cuando vive, está en la naturaleza, al sol, al aire; cuando descansa, cuando duerme, cuando se recupera, se entierra. (...) Este asunto es algo biológico. No hay mamífero que no medio se entierre para vivir y, cuando tiene actividad, salta a la superficie; cualquiera de ellos y el hombre uno más.*
>
> *Esta es la idea. ¿Cómo se da forma a esto? Se hizo la casa como los dibujos, separando. Arriba tiene la habitación de estar y la cocina incorporada. Abajo están metidos los dormitorios que dan a patios con paredes blancas por donde sale el sol. Se ve el talud con flores blancas muy duraderas que llegan hasta el antepecho de la ventana. Debajo tiene la bodega y el cuarto de juego para los niños. Todo eso bajo la cota cero de la parcela. La terraza de la sala de estar está a media altura para que esté más cerca del terreno. Arriba, en la terraza de madera, tiene unas vistas espléndidas y allí se vive muy a gusto.* [17]

Acto seguido, hace un croquis muy elemental de cómo será la casa: dos cuerpos separados por un vacío; el inferior, enterrado en el suelo -lo informe, lo dionisíaco en la conciencia humana, los sueños, el reposo, lo presentido, el inconsciente..., el superior, flotando en el aire -lo cristalino, lo apolíneo, la dimensión racional del conocimiento, la luz, la levedad, ...-. Lo demás, lo que queda para desarrollar el proyecto es... ¡fácil!: orden y... sensibilidad.

¡Una magnífica casa! Se la podría poner en relación con la Villa Saboya, pero en mi opinión sería una estupidez. Como sería una estupidez, poner en relación el techo curvado del Gimnasio con la Casa del Gobernador en Chandighar de Le Corbusier; o las galerías voladas, también del Gimnasio, con la casa Siesby de Jacobsen. O el Gobierno Civil con la Casa del Fascio de Terragni. Todo esto, todas estas asociaciones formales, ¿a dónde nos llevan?, ¿qué explican?, ¿qué explican, que dilucidan, en todo caso sobre Sota o sobre los propios edificios? Como diría, me parece a mí, Alejandro de la Sota, "*dejémoslos para los historiadores o los críticos de la Arquitectura*".

[17] Puente M.; *Alejandro de la Sota: Escritos, conversaciones, conferencias*. Ed. GG, Barcelona 2008.

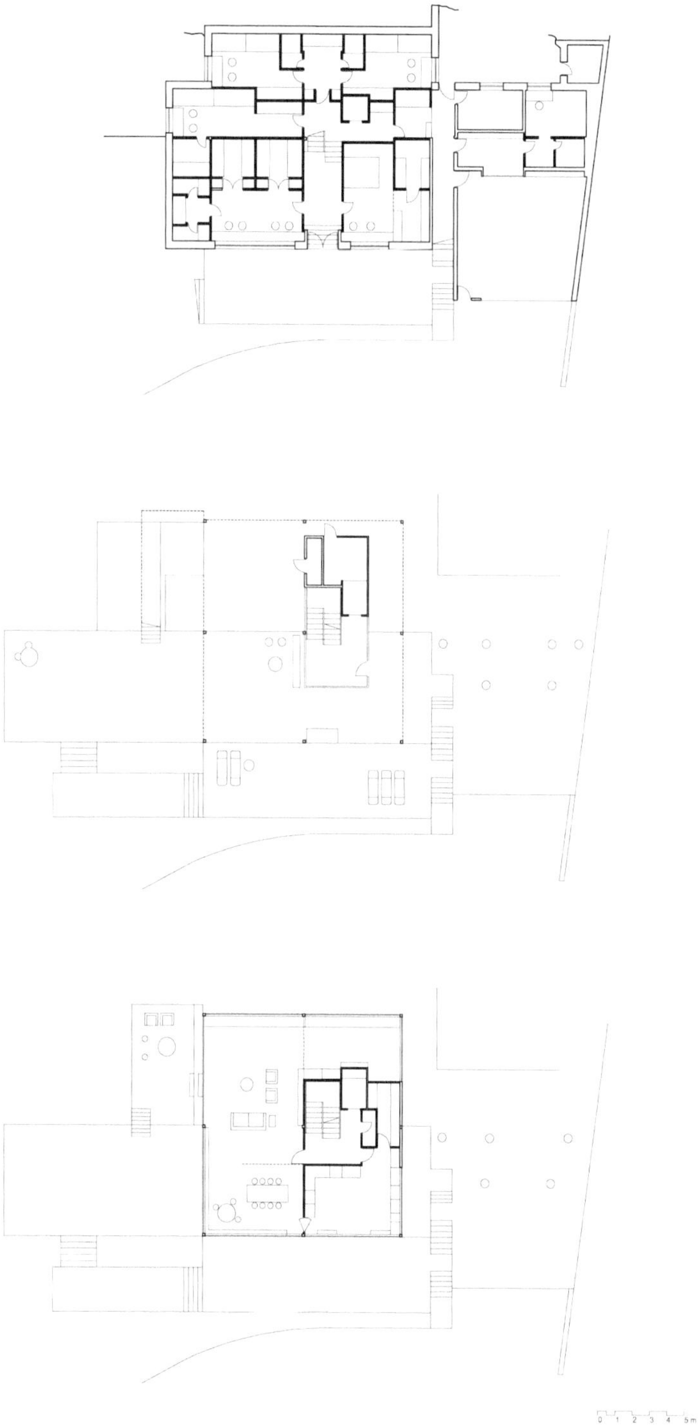

Vivienda del señor Domínguez en A Caeira, Pontevedra.
Plantas sótano, baja y primera (redibujado por Pablo Rodríguez, 2014).

7. Urbanización en Alcudia. La urbanización es de viviendas unifamiliares aisladas. Está constituida por pequeñas parcelas rectangulares delimitadas por cercados de tapial. Cada parcela tendrá una pequeña piscina y estará sombreada con una gran superficie de emparrados .El programa de la vivienda se desarrolla, íntegramente, en planta baja. La cubierta es plana y está acondicionada como "solárium". La vivienda no es más que un "umbráculo". Está formada por un espacio central abierto flanqueado por dos cuerpos cerrados que contienen: uno, los dormitorios y, el otro, la cocina, el oficio y el dormitorio principal. La construcción es ligera. La estructura se levanta con perfiles laminados de acero y el cerramiento es de paneles pintados de láminas de acero separadas con poliuretano; son del tipo Formawall de Robertson y fueron utilizados por Sota con anterioridad en dos edificios institucionales: Correos en León y los Juzgados en Zaragoza. Los paneles se fabricarían en la Península y se transportarían, por mar, a la isla en contenedores.

¿Cuál ha sido en este proyecto la estrategia proyectual de Sota? Parece que en este caso, Alejandro de la Sota mira más al entorno, piensa más en la agrupación en la urbanización que en la propia casa. De hecho, la vivienda se concebirá más como un elemento de la urbanización, de la parcela, que como una forma autónoma o independiente.

¿A dónde dirige la mirada Sota para alcanzar la idea que permita formalizar el proyecto?

Parece que Sota, primero se sitúa en el terreno; se orienta. Luego, mira al Sol, respira profundamente la brisa marina, mide con su mirada las montañas cercanas y siente bajo sus pies la topografía del terreno. Sota siente el entorno. Expresa todo esto, recoge todo esto, en un bellísimo e intensísimo dibujo, esquemático, aunque a primera vista parezca un tanto "naif". Esto va a ser el primer eje del proyecto.

El segundo eje, que determinará por completo la forma de la propuesta deriva de una reflexión gráfica de Sota sobre el habitar; sobre el peculiar modo de habitar en el Mediterráneo: despreocupación, alegría de vivir, reposo, que se expresa en unos dibujos extraordinariamente sugerentes. Aquí está el proyecto; desaparece la

Urbanización en Alcudia, Mallorca. Maqueta, en la exposición "Compañeros de oficio", Fundación Barrié, 2013.

Arquitectura y queda... ¡la vida! La Arquitectura pasa a ser fondo, atmósfera; no se nota, pero al mismo tiempo actúa como un catalizador de esa vida al aire libre, en la penumbra, que es el modo de estar en el Mediterráneo. Y como en otros proyectos, todo lo que sigue es fácil.

Un gran proyecto. Quizá uno de los mejores de Alejandro de la Sota. Un proyecto no construido. No importa. Para mí, casi mejor así. De haberse construido, no quiero pensar en el estado en que se encontraría en estos momentos. Quizá, no. Prefiero pensar en lo que escribía Francisco Alonso de Santos:

> *El gran patrimonio de la arquitectura está formado en su mayor parte por edificios interrumpidos, por ruinas interpretadas y arquitecturas no edificadas.*[18]

No me resta más que concluir. Quizá este escrito que humildemente someto al juicio de mis lectores, no sirva para nada más que justificar y hacer un poco más comprensible el título del libro: "*Alejandro de la Sota. Construcción, idea y arquitectura*", que es la publicación de mi tesis doctoral y al que me remito si alguien tuviese a bien interesarse un poco más por los temas aquí tratados. Al final, pienso que el libro debiera llevar un título que rezara de este modo: "*Alejandro de la Sota: de la mitificación de la Tecnología a la Idea como principio de su estrategia proyectual*"; más o menos.

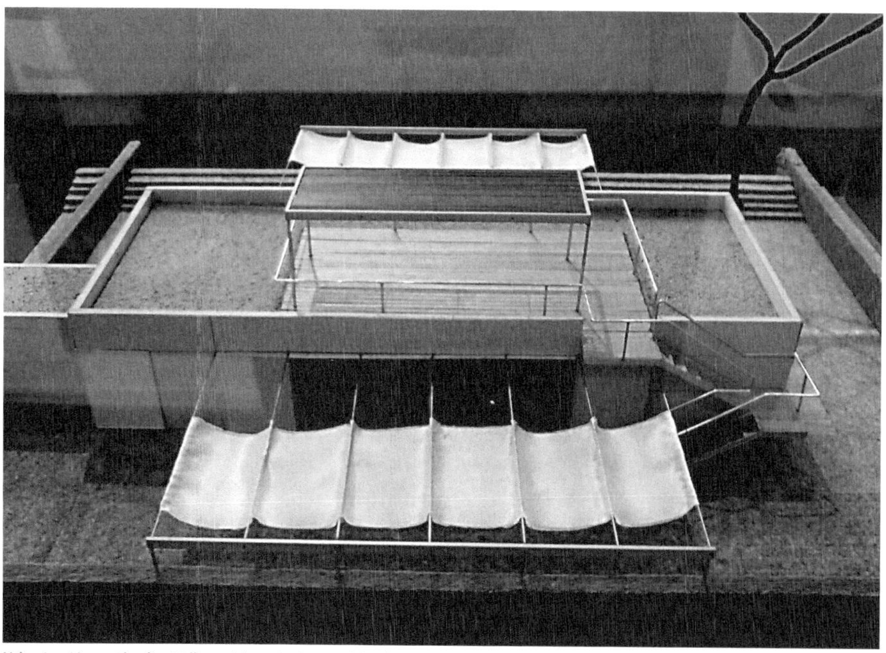

Urbanización en Alcudia, Mallorca. Maqueta de una vivienda.

[18] Alonso de Santos, F.; en *Arquitectos nº 137, "Hacia una Nueva Objetividad"*, ed. Consejo Superior de los Colegios Oficiales de Arquitectos de España.

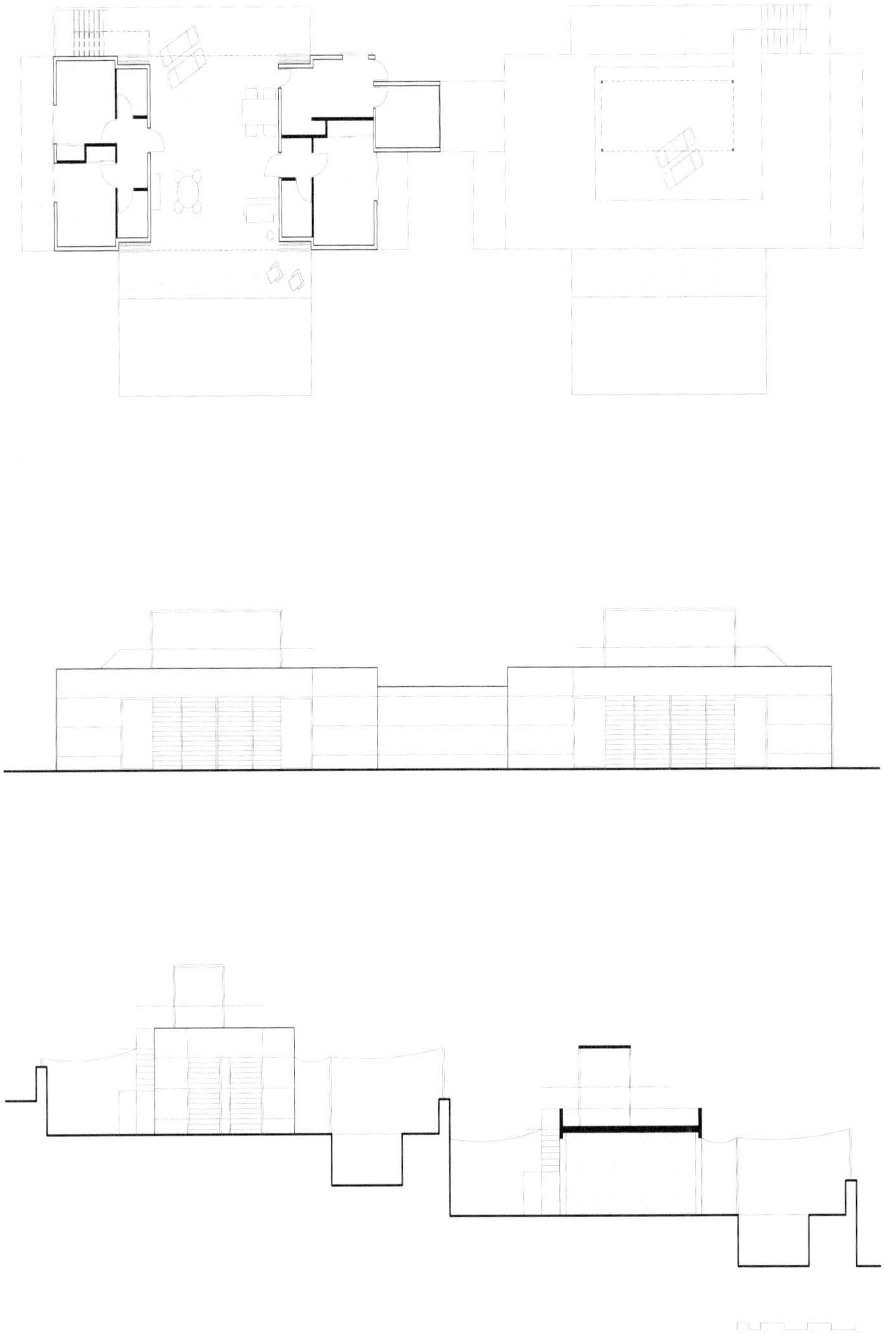

Urbanización en Alcudia, Mallorca. Plantas, alzado y sección (redibujado por Pablo Rodríguez, 2014).

JOSÉ BENITO RODRÍGUEZ CHEDA

Doctor arquitecto por la UDC en 1991, Máster en Patología y Restauración Arquitectónica por la UDC, es Catedrático del Departamento de Construcciones Arquitectónicas de la ETS Arquitectura de A Coruña. Participa en numerosos trabajos de investigación, coordinando el Grupo de Investigación Sistemas Constructivos y Rehabilitación -SICOR- de la UDC. Forma parte del equipo que diseñó un *Método para construir edificaciones de varias plantas mediante paneles portantes ligeros desde el nivel del terreno*, registrándolo como patente. Ha realizado numerosas publicaciones de tipo profesional y académico entre las que cabría destacar *Alejandro de la Sota: construcción, idea y arquitectura* (Santiago de Compostela, 1994), libro que tiene su origen en su tesis doctoral. En el ejercicio profesional y en su carrera docente ha recibido numerosos premios y distinciones.

Casa Barragán, Tacubaya. Estanque en el patio de las ollas.

LA CASA DE LUIS BARRAGÁN EN TACUBAYA

Mundo interno

Cruz López Viso
Investigadora. Ourense

HOLA A TODOS.

GRACIAS por invitarme a participar en este ciclo de conferencias:
PROYECTO + INVESTIGACIÓN 3.

Hablaré de la casa y el cuarto.
Utilizando como herramientas de análisis los conceptos de:

límite, atmósfera y naturaleza.

Para desentrañar el mundo interno lo hago desde tres nudos, tres lugares que representan el lugar dentro del lugar:

(como deshacer un ovillo)

EL TAPANCO, como el reducto de mayor privacidad dentro de la casa.

La esencia de los cuartos.

EL PATIO DE LAS OLLAS, como primer umbral hacia la Naturaleza.

EL DESAYUNADOR que muestra la menor dimensión doméstica que se transforma en una dimensión social en las estancias de mayor tamaño.

Partiendo de estos puntos -que son esclusas (compartimentos cerrados) o articulaciones- voy hilvanando cuarto por cuarto la extensión de la casa.

¿Qué es una casa?

Para responder a esta pregunta elemental os acerco el pensamiento de Gaston Bachelard:

Casa Barragán, Tacubaya. Vestíbulo de acceso.

> *La casa es un* ***instrumento para habitar*** *el cosmos.*
> *Así, frente a la hostilidad, los* ***valores de protección y de resistencia*** *de la casa se trasponen en valores humanos.*
> *La casa nos ayuda a decir: seré un* ***habitante del mundo*** *a pesar del mundo.*[1]
> *Gracias a mi ensueño habitaba la casa esencial.*[2]
> *Las líneas son fuertes, su albergue es fortalecedor.*
> *Hay que habitarlo simplemente con la gran seguridad que da la simplicidad.*[3]
> *En todo sueño de casa hay una inmensa casa cósmica en potencia.*
> *De su centro irradian los vientos, y las gaviotas salen de sus ventanas.*
> *Una casa tan dinámica permite a la persona habitar el universo.*
> *O dicho de otra manera el universo viene a habitar en su casa.*[4]

¿Es posible crear una casa esencial? Ya que hablamos de Arquitectura de la esencia, ¿cómo sería esa casa y cómo sería su habitante?

> *La casa esencial es educadora,* según Gaston Bachelard.
> *Al adentrarnos en ella nos transforma.*

Dejo estos pensamientos suspendidos para descubriros Tacabuya como mundo interno en el que confluyen habitante y arquitecto... enfocándome en la **casa como instrumento de protección y resistencia que nos ayuda a hacernos habitantes del mundo**.

> ***CONSTRUIR es habitar.***
> *Pero habitar preexiste al construir.*
> *Porque los seres humanos HABITAN, es decir están en el Universo, en la tierra, ante el cielo, entre los mortales y hacia los dioses, se construye a fin de que ese habitar sea un contemplar, un cuidar ese universo.*[5]

TAPANCO

Cavidad oculta conectada con la Biblioteca, vestigio de los recuerdos que conserva de su niñez en la hacienda familiar en Mazamitla, un espacio al que da forma en su propia casa como él mismo nos cuenta:

---

[1] Bachelard, Gaston. *La poética del espacio*. México: Fondo de cultura económica, 1957, 78.

[2] Ibídem, p. 81.

[3] Ibídem, p. 83.

[4] Ibídem, p. 83.

[5] Ortega y Gasset, José. En torno al coloquio de Darmstadt, 1951. Textos de crítica de Arquitectura comentados 1. Madrid: Departamento de proyectos ETSAM, 2003,p. 58.

Para mí este pueblo -Mazamitla- fue decisivo, como lo fueron también los tapancos que suele haber en las tiendas, en las granjas, el lugar de intimidad, el lugar secreto -un niño nunca puede imaginarse siquiera lo que hay en un tapanco- al cual se accede por una escalera que en los pueblos se pone y se quita a antojo del morador. Yo siempre tuve la obsesión del tapanco; por eso me hice uno aquí en mi casa, ahora que estoy grande. (Sonríe) [6]

El tapanco (19 m2) se comprime desde la colosal dimensión del espacio que lo precede. Orientado al este era el lugar donde Barragán se refugiaba. La celda dentro de la casa.

Uno de los diedros no llega a cerrarse- y el entramado de madera da continuidad a los dos lugares marcando el contraste entre espacio comprimido (tapanco)- espacio dilatado (biblioteca).

El **tratamiento plástico** de los materiales marca dos fuerzas antagónicas: la presión que ejerce el entramado del techo comprime el espacio, frente al tratamiento de los planos verticales expansivos con la luz, definiendo las cavidades aunque sus límites fluctúen.

En su obra de madurez existen resortes que activan la memoria de los lugares de la infancia (largas estancias en la hacienda familiar de Corrales en Mazamitla en la Sierra del Tigre), **el mundo ecuestre, la memoria visual de la hacienda, el zaguán, las paredes blancas, los muros y el agua vinculados a la tierra**. Las primeras percepciones adquieren carácter mítico cuando se instauran las leyes para habitar otros lugares.

Un concepto esencial para comprender esta obra es la percepción asociada al movimiento.

En esa epidermis viva y cambiante que es el límite se genera la cualidad de las estancias que oscila y se transforma desde variables que fluctúan (color, luz, sonido...). Estos elementos construyen atmósferas más que formas.

Existe un primer límite (formal) -el muro- que define diferentes dominios: cielo-tierra, dentro-fuera... y existen límites más sutiles -fenomenológicos- que son zonas donde se produce un cambio.

Limes, franja estrecha y oscilante, o movediza, pero susceptible de colonización, cultivo y culto.[7]

---

[6] Riggen, Antonio. *Luis Barragán, Escritos y conversaciones*. El Escorial: El Croquis editorial, 2000, p. 111.

[7] Trías, Eugenio. *Ciudad sobre ciudad*. Barcelona: Editorial Destino, 2001, pp. 35 y 36.

Casa Barragán, Tacubaya. Biblioteca.

El concepto de atmósfera está ligado a lo que Peter Zumthor denomina "calidad arquitectónica"[8] que se obtiene (según Zumthor) **prestando atención a determinados parámetros que construyen los límites**: la armonía de los materiales, la temperatura del espacio, la tensión entre interior y exterior, los grados de intimidad, la coherencia, la Arquitectura como entorno, los objetos...

PATIO DE LAS OLLAS

Lugar de tránsito y lugar estanco.

Barragán decía que Arquitectura y paisaje crean un continuo siendo la Arquitectura del paisaje una arquitectura sin techos donde la casa no debe existir como forma sino como paisaje.

> *Un pequeño jardín en el que puedas vivir es indispensable; un jardín que te haga entrar en ti mismo, que te haga meditar, que te aísle y, al mismo tiempo, te abrigue.*[9]

[8] Zumthor, Peter. *Atmósferas*. Barcelona: Gustavo Gili, S.A. 2006, p. 11.

[9] Riggen, Antonio. *Luis Barragán, Escritos y conversaciones*. El Escorial: El Croquis editorial, 2000.

Casa Barragán, Tacubaya. Vestíbulo de acceso.

La **Naturaleza** no es telón de fondo de la Arquitectura, sino OBJETO ACTIVO DE PROYECTO (porque el arquitecto le presta atención), donde el agua, la luz y el árbol definen y conforman los lugares del mismo modo que los muros.

El **límite** convierte la Naturaleza en paisaje.

El **paisaje** no se puede entender sin el observador.

No hay paisaje sin mirada, sin conciencia del paisaje.[10]

Es conciencia y tiempo (físico, histórico y existencial).

El tiempo físico es este momento en que experimentamos la casa a través de las imágenes. El tiempo histórico contextualiza una obra. Año 1947. Ahora 2013. Nos separa más de medio siglo de esta casa. El tiempo existencial es el tiempo interior de cada uno.

> *... no llegar a ser la expresión de su tiempo, como pretendían algunos modernos, sino conseguir atrapar el tiempo e inmovilizarlo.*
> *Conseguir atrapar el espacio para conseguir extirpar de él la componente temporal.*[11]
> *... el objetivo último de todo arte del espacio es apresar el tiempo.*[12]

La **vinculación al territorio** es una constante en la cultura mexicana.

Las pirámides aztecas y mayas simbolizan este ascender de la tierra.

La Naturaleza no se da como fenómeno independiente, no es descanso lírico ni pintoresco, sino un proceso fenomenológico.

¿Cómo se establece la síntesis entre Arquitectura y Naturaleza?

El espacio interior en la casa es marco de la Naturaleza acotada en un recinto no envolvente a la edificación (objeto de contemplación y no de recorrido). Barragán enmarca vistas densas de Naturaleza con un soporte horizontal definido por el material del suelo (como un lienzo en el que se depositan objetos y formas naturales delimitadas por muros). Se mantiene la topografía original actuando levemente y diluyendo la masa de los muros. Conserva los árboles y adapta el espacio de la casa a ellos. Su intervención se funde con lo existente. El acercamiento es directo y multiplica los umbrales. Incluso un batir de alas es percibido porque ese espacio interno ha recuperado el carácter sagrado donde todo fenómeno adquiere resonancia.

---

[10] Augé, Marc. *El tiempo en ruinas*. Barcelona: Editorial Gedisa, 2003, p. 47.

[11] Martí Arís, Carlos. *Cabos sueltos*. Barcelona: Lampreave, 2012, p. 26.

[12] Ibídem, p. 26.

Casa Barragán, Tacubaya. Fachada a la calle.

DESAYUNADOR

Puedo imaginarlo en su desayunador escuchando los sonidos del jardín mientras decide la altura correcta de la ventana o quizás frente a la Naturaleza en las diferentes estaciones eligiendo cual es el límite preciso para sentirla. Una casa en la que no caben los niños porque las escaleras carecen de barandilla y el ventanal es un límite cuya transparencia despierta el impulso de atravesarlo. Sin embargo la atmósfera es tan intensa que establece el movimiento asociado a lo que se percibe.

> *¿Por qué las escaleras de la casa de Tacubaya no tienen barandillas? El aire pesa 3 Kg/cm2 ha escrito Rothko.*
>
> *Es la atmósfera protectora que rellena el volumen de cada cuarto en la casa de Luis Barragán. Frente a los valores proclamados por las obras de otros arquitectos de la misma época, aquí no puede hablarse de vacío, ni de doble altura ni de cualidades espaciales, sino simplemente de una atmósfera familiar que no se atrevería a dejar de sostener los pasos del hombre.*[13]

¿Por qué una casa tan impermeable y compacta a la ciudad genera en su interior una total disolución de los límites sensitivos?

De todos los planos de la casa el suelo que pisamos ofrece una textura diferenciada en función de las estancias y del grado de aproximación a los límites -el jardín, la escalera, el zaguán de entrada, la azotea...-.

El color conecta con la Arquitectura vernácula y con la tierra, porque en esencia el color es pigmento.

En la obra de Barragán pueden hacerse múltiples lecturas del uso de color.

El color evoluciona y se integra en una obra que simplifica al máximo su lenguaje.

Cuando el color desaparece emerge una cualidad abstracta de severidad y ascetismo. El color se desata en la azotea donde la luminosidad alcanza el cenit y se compone intencionadamente con la luz en el vestíbulo. Luego se va graduando en pinceladas medidas que integran tanto los muros como los objetos y tejidos.

La luz es el principal coordinador sensual de los lugares en la casa.

Barragán pone atención en la conciencia de los contrastes, el peso y sus límites aumentando la cualidad tangible de los objetos. La realidad visual se ratifica, se hace sólida a través del color-luz. Sin embargo, esta visualidad dominante se disuelve al asociar el movimiento a la percepción emergiendo la atmósfera. Lo visual se hace táctil.

---

[13] Martínez Santa María, Luis. *El libro de los cuartos*. Barcelona: Lampreave, 2011, p. 247.

EL HABITANTE

Barragán no puede entenderse fuera del contexto mexicano. La percepción desde Europa es compleja. Existen demasiados filtros que impiden llegar a las claves de un código humano tan diferente al occidental. Las estructuras de su civilización siguen emitiendo información en el presente. México D.F. es una megalópolis donde el caos permite que se solapen realidades inimaginables en Europa, la ciudad está conectada más allá de su estructura con los contenidos míticos de su pasado. En su escrito *Máscaras mexicanas* Octavio Paz disecciona el temperamento mexicano:

> *Barragán es un artista silencioso y solitario, que ha vivido lejos de los bandos ideológicos y de la superstición del arte comprometido.*
>
> *La obra de Barragán responde a esta doble necesidad: es lugar de encuentro y lugar de recogimiento.*
>
> *Las raíces de su obra son tradicionales y populares. Su arquitectura viene de los pueblos mexicanos, con sus calles limitadas por altos muros que desembocan en plazas con fuentes. En la arquitectura popular mexicana se funde la tradición india precolombina con la tradición mediterránea. Las formas son cúbicas, los materiales son los que se encuentran en la localidad y los muros están pintados de vivos colores -rojos, ocres, azules- a diferencia de los pueblos mediterráneos y moriscos que son blancos.*[14]

¿Qué paisajes interiores habitaba?

¿Cuál era su verdadera identidad?

El habitante llama, golpea y entra en nuestra alma en palabras de Browning.

Invitados a sus lugares le damos eco.

> *Viejo o adolescente, criollo o mestizo, general, obrero o licenciado, el mexicano se me aparece como un ser que se encierra y se preserva: máscara el rostro y máscara la sonrisa.*
>
> *Plantado en su arisca soledad, espinoso y cortés a un tiempo, todo le sirve para defenderse: el silencio y la palabra, la cortesía y el desprecio, la ironía y la resignación.*
>
> *En suma, entre la realidad y su persona establece una muralla, no por invisible menos infranqueable, de impasibilidad y lejanía. El mexicano siempre está lejos, lejos del mundo y de los demás. Lejos también de sí mismo.*

---

[14] Paz, Octavio. *El peregrino en su patria. Historia y política de México.* México D.F.: Fondo de cultura económica, 1987. Volumen I, p. 17.

Casa Giraldi, Chapultepec. Cruz López Viso en el patio.

NOTAS DE LA AUTORA

Las citas en cursiva hacen referencia a otros autores.
No todas han podido ser rigurosamente consignadas por perderse el enlace a su origen.
A todos los autores que han inspirado esta investigación mi sentido agradecimiento.
Las imágenes que ilustran este texto proceden de la bibliografía que se adjunta.
Se incluye la bibliografía esencial como fundamento de mi tesis doctoral y una bibliografía específica sobre Luis Barragán.

Casa Prieto, El Pedregal de San Ángel. Interior.
Casa Giraldi, Chapultepec. Fachada.
Casa Prieto, El Pedregal de San Ángel. Interior.
Casa Giraldi, Chapultepec. Estanque.

BIBLIOGRAFÍA ESENCIAL

BRYSON, Norman. *La pintura Ch'an: un campo que se dilata.* Archipiélago/34-35/1998
CIRLOT, Juan-Eduardo. *Diccionario de símbolos.* Barcelona: Editorial Labor S.A., 1991.
ESPUELAS, Fernando. *El claro en el bosque. Reflexiones sobre el vacío en Arquitectura.* Barcelona: Fundación Caja de Arquitectos, 1999.
FUENTES, Carlos. *La región más transparente.* México D.F.: Fondo de cultura económica, 1958.
GIEDION, Sigfried. *El presente eterno. Los comienzos de la Arquitectura. Una aportación al tema de la constancia y el cambio.* Madrid: Alianza forma, 1998.
GOLDING, John. *Caminos a lo absoluto.* Turner publicaciones S.L. Fondo de cultura económica, 2000.
HARLANG, Christoffer. *Espacios nórdicos.* Barcelona: Elisava Edicions, 2001.
MARTÍ, Carlos. *La cimbra y el arco.* Barcelona: Fundación Caja de Arquitectos, 2005.
MERLEAU PONTY, Maurice. *Fenomenología de la percepción.* Barcelona: Gallimard, 1945.
NAVARRO BALDEWEG, Juan. *La habitación vacante.* Valencia: Pre-textos de Arquitectura, 2001.
PALLASMAA, Juhani. *Los ojos de la piel.* Barcelona: Editorial Gustavo Gili, 2006.
PAZ, Octavio. *Generaciones y semblanzas. Escritores y letras de México.* México D.F.: Fondo de cultura económica, 1987. Volumen II.
PAZ, Octavio. *El peregrino en su patria. Historia y política de México.* México D.F.: Fondo de cultura económica, 1987. Volumen I.
RASMUSSEN, Steen Eiler. *La experiencia de la Arquitectura.* Barcelona: Reverté S.A. 2004.
TRÍAS, Eugenio. *Los límites del mundo.* Barcelona: Ariel S.A., 1985.
VEGA, Amador. *Zen, mística y abstracción. Ensayos sobre el nihilismo religioso.* Madrid: Editorial Trotta S.A., 2002.
VEGA, Amador. *Tratado de los cuatro modos del espíritu.* Barcelona: Editorial Alpha Decay S.A., 2005.
VALENTE, José Ángel. *Entrada en materia.* Madrid: Ediciones Cátedra, 1985.
WORRINGER, Wilhem. *Abstracción y Naturaleza.* Madrid: Fondo de cultura económica, 1953.
ZUBIRI, Xavier. *Espacio, tiempo y materia.* Madrid: Alianza Editorial, 1996.
ZAMBRANO, María. *La razón en la sombra. Antología del pensamiento de María Zambrano.* Madrid: Ediciones Siruela, 1993.

BIBLIOGRAFÍA SOBRE BARRAGÁN

Luis Barragán. Obra construida (1902-1988). Sevilla: Junta de Andalucía. Consejería de obras públicas y transportes, 1999.
BARRAGÁN. Obra completa. Madrid: Tanais ediciones S.A. 1995.
RIGGEN, Antonio. *Luis Barragán. Escritos y conversaciones.* El Escorial: El Croquis editorial, 2000.
ÁLVAREZ, Darío; Carlos MARTÍ, Yolanda MARTÍNEZ y Daniel VILLALOBOS. *4 Centenarios: Luis Barragán.* Valladolid: Secretariado de publicaciones e intercambio editorial, 2002.

ALFARO, Alfonso. *Voces de tinta dormida. Itinerarios espirituales de Luis Barragán.* México: Consejo Nacional para la cultura y las artes, 1996.
ORENDÁIN, María Emilia. *En busca de Luis Barragán.* Guadalajara: Ediciones de la Noche, 2004.
RIGGEN MARTÍNEZ, Antonio. *Luis Barragán. 25 transparencias inéditas.* Barcelona: Mudito & Co, 2009.
RUIZ BARBARÍN, Antonio. *Luis Barragán frente al espejo. La otra mirada.* Barcelona: Fundación Caja de arquitectos, 2008. Colección arquia/tesis nº 26.
Luis Barragán. La revolución callada. Barcelona: Editado por Federica Zanco, 2001. Barragan Foundation.
Luis Barragán. Barragán House. México City, México 1947-1948. Edited and Photografhed by Yukio Futagawa. Tokyo: Tokyo Co.Ltd.,2009.
Guía Casa Luis Barragán. Zurich: Barragán Foundation, 2004.
GARZA SASTRÉ, Angel Antonio. *Mirar y transformar. La herencia hispánica en la Arquitectura de Luis Barragán.* Universidad de Navarra: E.T.S.A. Departamento de proyectos, 1996. (Tesis doctoral)

CRUZ LÓPEZ VISO

Estudia en la ETS Arquitectura de la Universidad Politécnica de Madrid –UPM– y obtiene la titulación de arquitecta en marzo de 1990 con la calificación de matrícula de honor. En 1991 es seleccionada, junto a diez arquitectos de su generación, para representar a dicha Escuela en la Biennale di Venezia. Realiza los estudios de doctorado en Madrid dentro del Departamento de Proyectos Arquitectónicos. En octubre del 2010 lee su tesis doctoral titulada *Luis Barragán en su casa de Tacubaya. Naturalezas del límite*, calificada con sobresaliente cum laude.

Casa Barragán, Tacubaya. Textura.

LUIS BARRAGÁN Y SUS PAISAJES CREADOS

Antonio Ruiz Barbarín
ETSA Madrid

Antes de nada, quiero decir lo mucho que debemos estar agradecidos a aquellos arquitectos que nos han permitido descubrirnos a nosotros mismos como tales.

Luis Barragán fue un arquitecto de pocas palabras y muchos gestos, por eso es tan difícil de escrutar, pues como buen mejicano sabía actuar, y por ello valoro tanto sus silencios, en su vida, como en su obra. Para él será más importante escuchar que platicar. Y para escuchar tiene que haber silencio, escuchar de una manera activa, con los cinco sentidos, así el enigma está servido.

Propongo para ello atender con los cinco sentidos las sinestesias de su obra: el misterio de su luz y de su sombra, el olor de sus colores, la textura de sus espacios, el gusto de sus atmósferas, y el sonido de sus paisajes silenciosos. Pues como nos dice William Curtis: "*Barragán nos introduce en un silencioso enigma metafísico, un laberinto matemático en el que el tiempo parece haberse detenido*".

En Barragán va a ser tan importante lo que se ve, como lo que no se ve, o lo que parece. Acostumbrados como estamos a percibir las grandes obras de arquitectura con la luz, que nos deslumbra, Barragán va a ser un gran constructor de sombras, y penumbras. Pues la sombra es fundamental para la percepción de los espacios, y las cosas, puesto que un lugar sin sombras es un lugar sin materia.

I. PAISAJE EXTERIOR

Pero hablemos de sus paisajes, que en su obra van a ser tan importantes, los que llamaremos sus "paisajes heredados" como los de la casa familiar de Corrales, la arquitectura colonial, la Alhambra, el norte de África, y la tradición vernácula mejicana que le transmitieron sus amigos, Chucho Reyes, Orozco y el doctor Atl. Como sus "paisajes creados", al interior de sus casas, en especial la suya de Tacubaya y sus jardines, o al exterior en el Pedregal, y los distintos fraccionamientos donde trabajó. Observar la realidad del medio natural, y responder a ella de forma igual

Casa Barragán, Tacubaya. Textura.

de natural, sin forzar falsos artificios formales. El maestro mejicano nos propone alejados del miedo y del artificio, y cerca del humo como solía recordar. Esa fue su clave.

Sus "paisajes creados" fueron un elemento tangible de su arquitectura, no solo como intervención personal, sino también para preservar, y para poner en valor sus orígenes. Así entiendo sus paisajes, como una construcción cultural, dado que sus paisajes también se deben entender por su alto valor cultural, en sí mismos, y por sus referencias e influencias en otros arquitectos iberoamericanos como Lina Bo Bardi o Burle Max. Sus paisajes están influenciados por dos fuentes artísticas: por un lado la pintura abstracta, los colores mexicanos, y por otro lo que siempre hemos llamado la "herencia mediterránea".

Barragán entiende el paisaje como un proyecto que no tiene fin, así también lo entendían los árabes, y lo entendió de una manera geométricamente diferente, muy mágica que luego va a tratar de imprimir a todas sus obras. Al jardín del Edén, al que solo se entra a través del laberinto, mental y físico, creando en cada una de sus intervenciones un microcosmos de naturaleza, e intuición.

> *"Es aquí donde Barragán trasciende de la geometría de un jardín islámico, a la apropiación de una estética salvaje apoyada en las formaciones caprichosas de sus piedras volcánicas, y la vegetación agreste que tras los años fue poblando el territorio de El Pedregal"* nos dice Lorenzo Aldana.

También, sabemos que además de su sintonía con el hechizo del jardín árabe, de sus afinidades previas con los jardines vernáculos de aquel paisajista francés, Ferdinand Bac, o de su sorpresa ante las nuevas propuestas paisajistas de Le Corbusier. También Barragán tuvo con su posicionamiento ante el paisaje un antecedente claro en Wright, quien intentaba deliberadamente en cada emplazamiento destacar lo más posible sus características naturales, es decir, el llamado *genius loci* (*sic.*) tenía una importancia máxima para él.

Sus propuestas siempre son transformadoras, cada oportunidad de intervención se transforma en un laboratorio del paisaje en el que se potencia el acercamiento íntimo a la naturaleza bajo el peso de su tradición heredada, y su constante creación/recreación. Su vigencia se debe a su permanente relectura de esas claves paisajísticas tradicionales que asocian la belleza, el silencio, la soledad, la serenidad, la alegría y la muerte.

Barragán siempre se consideró un arquitecto paisajista en el sentido más estricto de la conjunción de estas dos palabras -para mí un jardinero constante- y entendía el paisaje como una realidad física a la que hay que responder con una realidad poética, y como dice T.S. Eliot *"la buena poesía comienza ante de ser comprendida"*; en consecuencia sus paisajes nos atrapan antes de entenderlos, introduce metáforas, juega con ellas, y las yuxtapone en el medio natural provocándolo sutilmente para

Casa Barragán, Tacubaya. Jardín visto desde el interior.

transformarlo totalmente. Por eso tienen mucho que ver la delicadeza, la intuición, y la serenidad de su carácter con la manera de relacionarse con el territorio, marcándolo sutilmente, y apropiándose de cada piedra sin apenas tocarla, de cada árbol sin acercarse siquiera, y así, sin transformar las partes, consigue transformar el todo. Buscando el espíritu del lugar, y generando la integración total entre lo construido y su medio, mediante una lectura comparada entre ambos.

Descubrió también que era posible intervenir en esos lugares volcánicos maravillosos para hacer jardines mágicos mostrando que las piedras eran también esculturas abstractas, y puso a dialogar a las rocas irregulares, rugosas y volumétricas -presencia, focalidad y escala natural- con los muros geométricos, texturados, saturados, tersos y planos -con las rejas lineales, verticales, rítmicas- y así acentuar, entrever y desvelar una escala menor y más próxima.

Todas sus intervenciones en el paisaje muestran su personal concepción de la naturaleza como medio visible, íntimo y privado, y su preocupación por una ecología humanista de su tierra natal, pues hay, en todos sus jardines, un cierto sabor nostálgico de la hacienda familiar de Mazamitla y, al igual que en sus construcciones, un especial cuidado por unir en una ambición casi minimalista de las formas, los elementos, y los motivos de extracción popular casi indígena, es decir, una réplica del paisaje natural, y su construcción cultural.

La apoteosis de sus intervenciones en el paisaje la alcanzó en El Pedregal, donde entre los años 1945 y 1950, convirtió unos dos millones de metros cuadrados de lava estéril en una sutil expresión minimalista, gracias a una serie de muros y vacíos, de superficies abstractas, estanques y fuentes, a menudo pintados en colores vibrantes e integrados en un enigmático y dramático escenario natural *"para mostrar el potencial expresivo y poético de tierra, y la cualidad de la vida que podría crearse allí"*.[1]

Su biofisiografía será la fuerza principal en el diseño de estos terrenos, y su proceso de planificación para disponer desordenadamente el orden intrínseco de los elementos que lo fueran a integrar de acuerdo a sus propios códigos que se transmiten en cada una de sus decisiones. El respeto a las configuraciones naturales, sin apenas intervención humana, las piedras y los troncos retorcidos, como habitantes de esos espacios silenciosos y verdes, la armonía entre el agua quieta y en movimiento... todo integrado en un anhelo de equilibrio inestable y mutable, de contornos irregulares, más ascético que voluptuoso. De igual manera que en los espacios interiores se manifiesta en el manejo de la luz y los filtros, donde la serenidad es inducida a través de una sublime y escultórica interacción de color, proporción y la precisa y elegante ubicación de una jacaranda o un arrayán en su composición.

Desde el punto de vista estilístico, Barragán y su amigo Richard Neutra (incluso el brasileño Roberto Burle Marx, que en un acto de brillante audacia incorpora la

[1] Luis Barragán.

Casa Barragán, Tacubaya. Interiores.

selva al hábitat urbano) no pudieron ser más opuestos, y sin embargo, cada uno de ellos logró una lectura sobre el paisaje orientada hacia la propia serenidad, hacia el interior y hacia el cultivo del espíritu.

Podríamos asegurar que las intervenciones de Barragán, y sus reflexivas inserciones en el entorno, se sitúan en ese límite donde la arquitectura comienza a disolverse dentro del diseño del paisaje, concebido éste como un fin en sí mismo. Esto representa una ruptura conceptual con la idea del paisaje moderno, y así de esta forma, lo podríamos considerar como una teoría más o menos autónoma, basada en la renovación del jardín inconcluso de la arquitectura de Al-Ándalus, vergel provisional para nómadas del desierto, y su anhelo en el jardín del Edén, confinado, umbrío y aromático que contienen *"lo que debe contener un jardín bien logrado; nada menos que el universo entero"*.[2]

II. PAISAJE INTERIOR

A todo al que pregunto le gusta la obra de Luis Barragán, quizás porque a priori parece que no resulta difícil interpretar el origen de sus espacios, o el porqué de sus atmósferas contagiosas; quizás porque nunca se sometió a su contemporaneidad es por lo que hoy es tan actual... Pues es arquitectura sin fecha de caducidad. Nunca la contó, ni la escribió, pero sí la sugirió con sus construcciones... que son auténticas verdades desnudas.

No se entiende que en sus austeros muros puedan coincidir el Mies más primitivo, con el *Corbu* más inquietante, y que tiñéndolos con sus sugerentes colores salir reforzados en su tectónica más sutil, y en sus texturas más duras y canallas porque Barragán se encontró con las superficies quietas de sus muros y las saturó, transformándolas con su particular paleta de colores en una fuerte intervención que pretendía evocar vernáculos mundos mexicanos, y así recoger en ellos sombras sorprendentes. Hay algo de renuncia y austeridad en la solemnidad de estos lienzos habitables. No hay sosiego ni resignación. Hay magia.

Pues no fue Luis Barragán un arquitecto de dar respuestas, sino de plantear preguntas en voz baja, y va esparciendo por esos vericuetos que construyen su casa deslavazada que ahora revisitamos. Ésta su casa no es sólo una brillante obra de arquitectura, es una declaración de principios donde ahondar en la naturaleza insondable de esos espacios mágicos; es pura arquitectura, que no arquitectura pura.

De mi visita a la casa de Tacubaya no olvidaré nunca el sabor de sus atmósferas que se perciben con los cinco sentidos, en la que sus espacios se van sumando, no se multiplican, y donde el color es fugitivo de una estancia a otra en una secuencia con solución de continuidad hasta la azotea, donde tiemblan las paredes encendidas de color, y se siente su presencia a cámara lenta, en la soledad sonora de sus silencios.

---

[2] Luis Barragán.

Casa Barragán, Tacubaya. Jardín.

Como decía Le Corbusier, sólo las personas serias son capaces de jugar, y él creaba sus propias reglas de juego de un juego espacial y sensorial, que debía permitir a los demás entrar en esa especial partida... su casa, su mundo. Y así guardar en nuestra mente los sonidos profundos de sus colores, y la soledad de sus atmósferas silenciosas que supo construir a tiras de luz.

En su interior hace que las cosas sucedan poco a poco, de forma casi natural, que el recorrido y el todo sea como un juego lleno de sorpresas. Invenciones pocas, dentro de un sutil tratamiento mágico de la luz a través de un sugerente recorrido, y donde al final encontramos la liberación gozosa abandonada a la fascinación por la belleza, donde queda un Barragán enigmático, juguetón y fantástico, con sus mexcaleras, muebles, bolas de cristal, crucifijos y caballos y... papeles de colores... Todos ellos habitantes intangibles del lugar, pobladores silenciosos de sus espacios, criaturas imprevistas de sus atmósferas.

Y luego está su lenguaje, cierto, directo y claro, dentro de esa realidad melancólica y de esa ficción maravillosa entre realidad y deseo, entre lo que es, y lo que parece.

Construye sin innovación, sin riesgo, con pausada nitidez. Un pacto convenido entre fantasía y realidad. A partir de aquí lo interesante es penetrar en su obra, ahora en su casa, es fácil... sólo hay que dejar abiertos los cinco sentidos.

Aunque, a veces pienso que parece que proyectaba como un desmemoriado, que le encantaba su papel elegante, que se burlaba de lo soez y de la fría vanguardia, un dandi en el que nunca descubrimos un ademán vulgar en ninguno de sus muros imborrables, casi altaneros. Taurinos. ¡De oro y rojo, vestirá su casa!

Escuchaba con sus ojos sus libros de pintura, fotografía y escenografía. Conocía la espesura del tiempo que se derrama fuera de sus atmósferas... siempre hacia ese jardín interior que parece crecer sin orden, ni concierto, sintiendo los gritos inaudibles de esa naturaleza atrapada.

Sus luces, sus atmósferas, sus muros levantan una barrera contra la intrusión de miradas, de gestos, incluso del olvido, porque Barragán consciente de la realidad que le rodea necesita inventarse otra más especial, más personal, más sensorial, manteniendo un vínculo entre lo real de sus muros, y lo irreal de su luz, o quizás más que su luz; su penumbra.

> *Algunos dirán que la falaz belleza creada por la penumbra no es la belleza auténtica. No obstante, nosotros los orientales creamos belleza haciendo nacer sombras en lugares que en sí mismos son insignificantes.*

Nadie ha sido capaz de ponerle una etiqueta, ni sus espacios por cicatrizar enturbiaron su vida, sin quejas, ni aspavientos, como su obra, no sólo en lo puramente constructivo, sino el que proviene del análisis de sus sedimentos:

México, la Alhambra, los Conventos, París, y por ello al tiempo, a la memoria, a los sueños; a las fantasías; a las atmósferas y por lo tanto al aire y a la luz... y por lo tanto al espacio.

No sé si fue un poeta de la luz, o un novelista de sus recorridos, o quizás un místico de sus atmósferas, porque uno hace arquitectura de la misma manera que se es. ¡Nunca aceptó el soborno de la mediocridad que todo lo cura y todo lo traiciona!, por el contrario, profesaba un feroz culto a la independencia de pensamiento en la que su sencillez era su mejor coraza, y sus muros máscaras indelebles de color y textura.

Con mi reflexión espero no traicionarle ni haber caído en el riesgo de la reducción, y la simplificación. ¡Me hubiera gustado tanto haberle conocido! Recorrer estas estancias y platicar con él, acerca de lo sencillo e importante, lo difícil y casi siempre inalcanzable, lo esencial, no sólo invisible, sino inaudible en la Arquitectura reservada sólo para unos pocos elegidos.

Casa Barragán, Tacubaya. Patio de las ollas.

ANTONIO RUIZ BARBARÍN

Doctor arquitecto por la UPM en 2004, es Profesor Titular del Departamento de Proyectos Arquitectónicos de la ETS Arquitectura de Madrid e Investigador en el grupo de investigación *Paisaje Cultural. Intervenciones Contemporáneas en la Ciudad y el Territorio* de la UPM. Ha publicado el libro *Luis Barragán frente al espejo. La otra mirada* como resultado del premio de la Fundación Caja de Arquitectos que obtuvo su tesis. Colabora en el libro *Barragán. Obra completa* (Tanáis, 1995) y es el encargado de corregir y aumentar la segunda edición de *Barragán. The complete Works* (Revised Edition), publicada en Nueva York (Princeton Arquitectural Press, 2003). En el campo profesional, funda en Madrid el estudio *Ruiz Barbarín Arquitectos.* Su obra ha sido publicada en diferentes libros y revistas, tanto nacionales como extranjeras. Su trabajo ha obtenido diferentes premios, tanto locales como nacionales e internacionales.

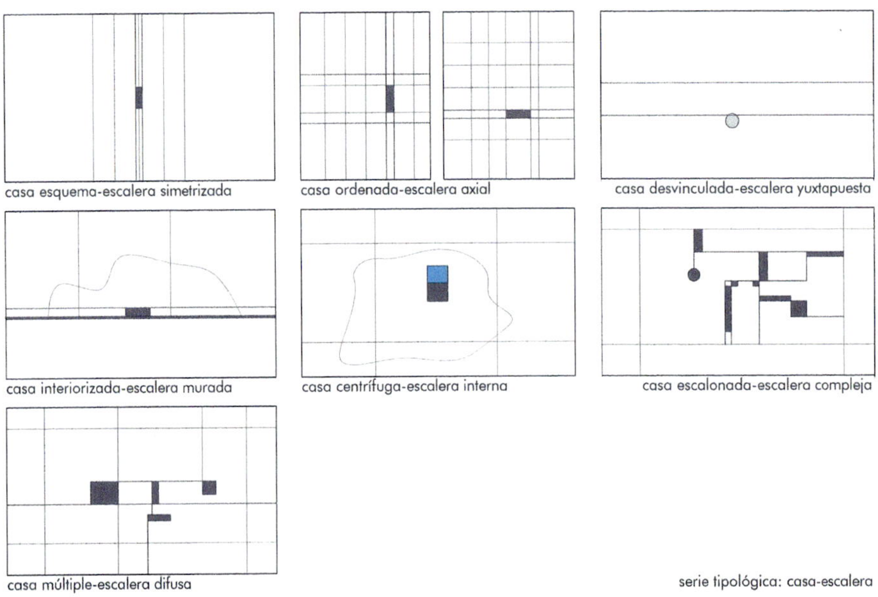

Casa y escalera. Esquemas.

LA ESCALERA, ELEMENTO DE ESENCIALIDAD

Casa-estudio de Tacubaya (1947), L. Barragán
Casa Arvesú (1955), A. de la Sota

María Carreiro Otero
Cándido López González
ETSA Coruña

La incorporación del sistema circulatorio al edificio es relativamente reciente, en concordancia con el descubrimiento de la circulación sanguínea en los seres vivos. Conviene recordar que las primeras explicaciones sobre la circulación menor o pulmonar las expuso Miguel Servet[1] en el "Libro V" de su *Christianismi Restitutio* (1553), un texto de teología: Dios insufló el alma a través de la respiración al hombre; la respiración persigue la purificación de la sangre; comprender el alma requiere estudiar la circulación sanguínea[2]. En el siglo XVII el médico inglés Harvey Williams[3] describe el modelo correcto del sistema circulatorio. Por su parte, el científico y arquitecto, también inglés, Christopher Wren[4], aplica los conocimientos adquiridos sobre la circulación sanguínea a través de sus experimentos con animales, a su proyecto para la reconstrucción de Londres tras el incendio de 1666.[5]

Según esto, el sistema que nosotros llamamos *las circulaciones*, no es innato en la obra de arquitectura. La cubierta es innata, y también lo es la fachada, o el suelo. No lo es la forma de recorrerlo y por tanto de habitarlo. El estudio de los objetos arquitectónicos despojados de su materialidad, reducidos a su geometría elemental, sintetizadas las partes y las relaciones entre ellas, es un camino más para avanzar en el conocimiento de la Arquitectura y en el proceso de ideación. Desnudos los objetos de materia y piel, se transforman en trazos enlazados, un lenguaje críptico sujeto a las convenciones contextuales propias de las disciplina. La abstracción sintetiza el espacio arquitectónico, lo convierte en líneas, polígonos, indicadores de flujo, lo reduce a un esquema elemental del sistema circulatorio del edificio, en uno o más planos superpuestos.

---

[1] Miguel Servet, teólogo español; Villanueva de Sigena-Huesca (España), 1511-Ginebra (Suiza), 1553.

[2] "Circulación de la sangre", en Biografía de Miguel Servet, Instituto de Estudios Sijenenses, <http://www.miguelservet.org/circulacion.htm>, 2014/03/17.

[3] William Harvey, médico inglés; Folkestone, 1578-Londres, 1657.

[4] Christopher Wren, arquitecto inglés; Londres, 1632-1725.

[5] Sennet, Richard. *El artesano*. Barcelona: Anagrama, 2009, pp. 247-250.

Complementariamente a la reducción al abstracto de los objetos arquitectónicos, las figuras poéticas aplicadas al proyecto de arquitectura constituyen una de las formas de aproximación al conocimiento del proceso proyectual. Así sucede con la sinécdoque, tropo en el que una parte de algo es usada para expresar el todo. Al aplicar esta figura a la arquitectura nos aproximamos al objeto arquitectónico a través de una de sus partes.

La sinécdoque aquí planteada aborda el estudio de la escalera, parte de la arquitectura y parte sustantiva del sistema circulatorio, como forma de conocimiento del objeto arquitectónico y de aproximación e interpretación del proceso proyectual y de las intenciones del proyectista.

La escalera es innata a la Arquitectura porque es innata a la naturaleza. La escalera es el árbol y es la huella marcada por el pie en la ladera. La escalera es una estancia más del volumen. Incluso se incrusta en los muros. Si no hay tal estancia, como en la modestas moradas de la arquitectura popular, es un enser más.

La posición de la escalera en el interior de la casa determina una serie tipológica constituida por siete tipos domésticos: la casa esquema, la casa ordenada, la casa desvinculada, la casa interiorizada, la casa centrífuga, la casa escalonada y la casa difusa.[6] La casa Arvesú y la casa Barragán son los modelos que representan a dos de estos tipos. La primera modela la casa interiorizada; la segunda, la casa difusa.

Estos dos modelos, muy diferentes en su configuración espacial, incluso distantes en el tiempo, incorporan rasgos comunes en su ser arquitectónico que, como veremos, procede de una intención y un proceso proyectual afín. Sin embargo, conviene fijar previamente las interpretaciones dadas en este texto a los términos tipo, modelo, escalera y casa.

TIPO

Para Quatremère de Quincy[7], autor del *Dictionnaire historique del'architecture* (1832), el tipo, generado por la repetición de una idea a lo largo del tiempo –la tradición–, tiene un carácter inmutable.[8]

Sin embargo, la acepción contemporánea de tipo, nos acerca a un concepto dinámico, o al menos, susceptible de evolucionar. Va asumiendo las variables, las deformaciones que el tiempo le incorpora.[9]

---

[6] Carreiro Otero, María. *Siete escaleras, siete casas*. Oleiros (A Coruña): Netbiblo, 2009.

[7] Quatremère de Quincy, teórico francés; París, 1755-1849.

[8] Farinati, Valeria y Georges Teyssot. *Quatremère de Quincy: Dizionario storico di architettura*. Venecia: Marsilio, 1992.

[9] Martí Arís, Carlos. *Las variaciones de la identidad*. Prol. Giorgio Grassi. Barcelona: Demarcación del Colegio Oficial de Arquitectos de Cataluña y ediciones Serbal, 1993, p. 58.

Queda definido el tipo como un enunciado teórico que responde a unos principios determinados. Estos principios se sustancian en la idea que alumbra la estructura formal o el esquema generador. El tipo no en sí mismo ni la estructura formal ni el esquema generador. Estos materializan el tipo, le proporcionan un cuerpo en un tiempo dado. El tipo, como concepto, no pertenece a ningún tiempo, lugar o espacio.

El tipo trasciende las características fisonómicas o epidérmicas, por ello se aparta del carácter clasificatorio coloquial en el que se fijan criterios a partir de condiciones externas o aparentes.

El tipo se sustrae al tiempo y al espacio. No pertenece a ningún momento ni a ningún lugar. El tipo es vago e indefinido. El tipo es didáctico, nos permite reconocer las formas, las figuraciones, nos permite fijar estrategias de proyecto con distancia, sin emitir juicios de valor. El tipo es una construcción "a posteriori", y como tal se constituye en un mecanismo de análisis y comprensión de la arquitectura, y por estas mismas cuestiones deviene en punto de partida del proceso de ideación.

MODELO

Modelo es cada uno de los objetos que ejemplifica un tipo.

Como materialización de un tipo, el modelo puede concretarse en una forma idealizada -teórica- o en una forma física y tangible -construida o proyectada-.

El modelo nos suele remitir a un tiempo, pero puede no remitirnos a un lugar. El tiempo se plasma en las soluciones constructivas y morfológicas, en el programa y la intención.

El contexto aporta fisonomía y contingencia, especificidad. La lectura del lugar singulariza el modelo.

El Panteón de Roma, la villa Rotonda, la casa de Andrea Mantegna y la Capilla del Bosque se corresponden con modelos del tipo que podríamos denominar espacio central, pese a las diferencias formales, temporales y funcionales, muy acusadas en el caso de la casa de Mantegna, en la que la cúpula iluminada cenitalmente se ha sustituido por un patio, o en el caso de la Capilla del Bosque, cuyo aspecto formal se aleja de los otros modelos.

ESCALERA

La escalera, ese corredor plegado, a cuyos pliegues llamamos escalones, que han de adecuarse al paso humano, permitir el apoyo del pie y mantener una cadencia constante en su disposición, nace de dos formas: recta y cilíndrica. Libre o encerrada entre paramentos la primera; siempre encerrada la segunda.

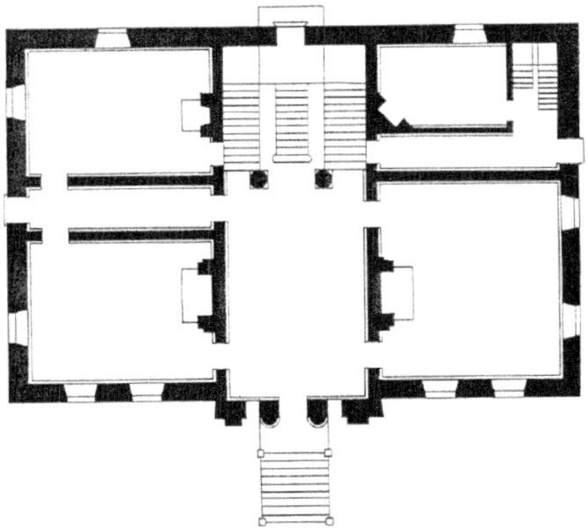

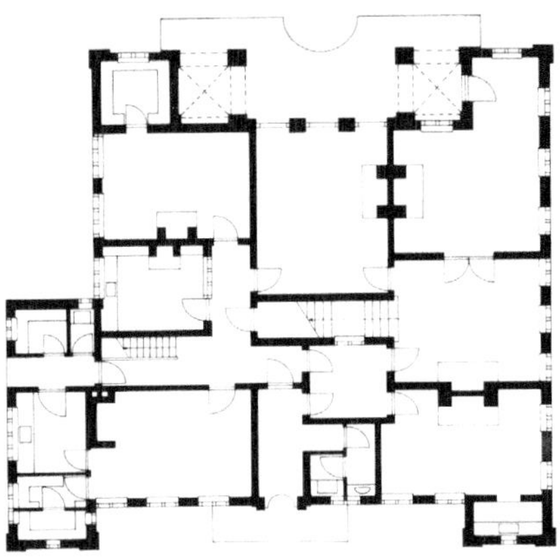

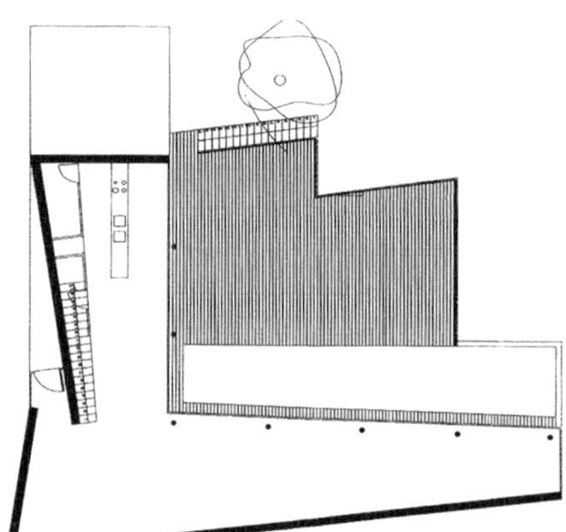

Planteamientos domésticos: Chase House. Homewood. Casa Le Goff.

En el siglo XX la escalera ha recorrido las etapas que le permiten ser y estar sin muros, sin cierres, sin apoyos casi. A partir de las trazas primarias, la escalera encuentra su fin último: servir al edificio que la aloja, sin por ello abandonar su carácter representativo y simbólico. Fundamentalmente porque al formar parte de la caja rota que ilustra Bruno Zevi en *El lenguaje moderno de la arquitectura*, determina una fractura en el volumen interno, permite la relación visual entre niveles, deja fluir el vacío (el espacio).

Las dimensiones de la escalera interior, de la escalera doméstica, responden al intervalo:

Para la huella, H	$23 \leq H \leq 35$,
Para la alzada o contra huella, A	$20 \geq A \geq 14$

La disposición de la escalera determina el ser de casa. Porque la escalera no se entiende tan solo como una parte material del edificio derivada de un proceso constructivo, ni tampoco como un elemento morfológico, sino como el elemento que, siendo constructivo y morfológico, es capaz de generar una idea de organización de la forma y dotarla de un orden reconocible.[10]

La escalera es capaz de conformar un tipo al no ser considerada parte de la arquitectura en su aspecto material, sino como elemento del sistema circulatorio del objeto arquitectónico del que nos habla Paul Frankl.

> *Comprender un edificio secular significa: sentirlo todo, cuando uno pasa por él; un todo desde el sótano hasta el tejado, con todas sus alas salientes o unificadoras. La entrada, el vestíbulo o el paso al patio o a la escalera, la comunicación de varios patios entre sí, las escaleras mismas y los corredores que cual arterias parten de cada piso, todas estas partes constituyen el pulso del edificio, los canales que establecen una circulación determinada y conducen a las diversas salas, a los diferentes aposentos, gabinetes o galerías. El organismo de la casa llega hasta donde esas arterias dirigen la circulación. El paso de una sala a otra, aunque para ello sea necesario abrir puertas, tiene su importancia, aunque esta importancia es secundaria si existe un sistema de corredores. Las máximas estilísticas de la adición y la división de espacio comprenden en primer lugar la circulación sanguínea del edificio secular, es decir, su red de circulación.*[11]

[10] Ibídem, p. 30.

[11] Frankl, Paul. *Principios fundamentales de la Historia de la Arquitectura. El desarrollo de la Arquitectura europea 1420-1900*. Barcelona: Gustavo Gili, 1981, p. 126.

CASA

A lo largo del siglo XX, y sin que las cosas hayan cambiado en este inicio del XXI, distinguimos tres planteamientos domésticos:

Casa geometrizada	**Casa libre**		**Casa moderna**
Predomina la composición geométrica estricta (axialidad, simetría, centralidad) frente a los condicionantes funcionales.	Agrupa las estancias funcionalmente: día/noche, privado/público.		Planta libre, fachada libre, cubierta plana, relación aparentemente inmediata con el exterior: mira hacia "afuera". Indiferente al lugar en su formalización.
Palladiana o neopalladiana, y sus derivados square house	*Casa libre inglesa*	*Casa vernacular*	*Arquitectos de la vanguardia del siglo XX: Le Corbusier, Mies van der Rohe, Gerrit Rietveld*
Chase house *Viviendas en Mozzo* *Casa Rudin*	*Lowther Lodge* *Homewood*	*Pazo gallego* *Casa urbana anterior al s.XX.* *Villa Mairea*	*Villa Savoya* *Casa Le Goff*

En cualquiera de estos planteamientos la casa puede ser definida a partir de la posición de la escalera que la sirve. Esta definición da lugar a una serie tipológica que habla de la casa y de su relación con el entorno, ante el que se muestra indiferente o impasible, del que se oculta o al que se vuelca con fruición.

La casa Barragán y la casa Arvesú son modeladas por sus escaleras, y desde ellas se puede entender el ser de ambas, la fuerte introspección común, la cercanía del proceso proyectual de sus autores y la cercanía en las necesidades de sus moradores.

CASA BARRAGÁN Y CASA ARVESÚ

Antes de entrar a estudiar la escalera como catalizador de los proyectos de Tacubaya y Doctor Arce, convendría hacer una serie de precisiones.

Se trata de dos propuestas domésticas urbanas. No hablamos de casas dispuestas en la campiña o en un ámbito suburbano. Ambas se disponen en ámbitos urbanos consolidados, aunque ciertamente de diferente morfología y densidad.

El estudio en ambos ejemplos ha sido realizado a partir de la documentación gráfica, sin un conocimiento directo. No existe en ninguno de los dos casos la experiencia perceptual del exterior o del interior. Es una aproximación en la distancia, carente de la emoción que puede transmitir el recorrido de la arquitectura o su conocimiento directo. También sin la decepción derivada de las expectativas no cumplidas.

Las dos casas se han redibujado entre los años 2002 y 2003. La casa Barragán se redibujó a partir de la información contenida en los textos *Barragán. Obra completa, Luis Barragán Morfín. 1902-1988* y de "Luis Barragán" en la revista *GA, 48*. La casa

Arvesú, a partir de los planos facilitados por la Fundación Alejandro de la Sota, que se corresponden con la información contenida en el libro *Alejandro de la Sota*, editado por Pronaos.

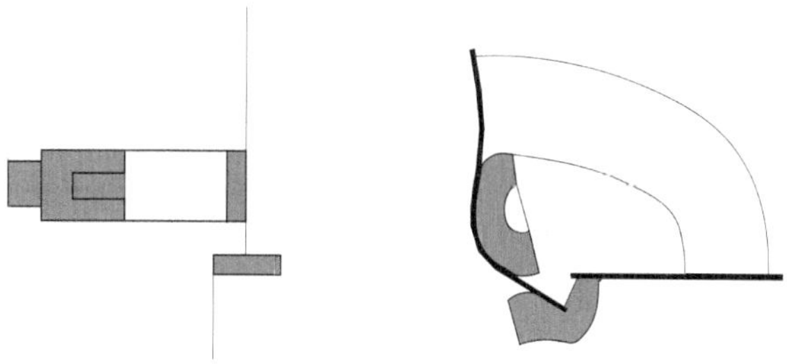

Esquemas: Casa Barragán. Casa Arvesú.

CASA BARRAGÁN

> [...] *En un tiempo hubo unas lámparas para iluminar el jardín durante la noche y dar un efecto de luz de luna. Sin embargo, se quitaron porque creo que el jardín tiene su propio horario y ritmo: durante el día está lleno de sol y durante la noche debe estar lleno de oscuridad. Esto ayuda a que la casa cambie, se transforme, del día a la noche. Yo pienso que todo seguirá cambiando porque la arquitectura es como un ser vivo que se modifica conforme cambian las personas que la habitan. Una casa nunca está terminada, es un organismo en constante evolución.*[12]

SITUACIÓN

La casa Barragán se ubica en Tacubaya (en la lengua *náhuatle* significa *lugar donde se junta el agua*), población histórica que llegó a ser municipio entre 1903 y 1928, momento en que fue absorbida por la Ciudad de México, que la convirtió en uno de sus barrios.

Los terrenos de la casa, en un ámbito próximo a la Calzada Madereros, actual avenida Constituyentes, fueron comprados en 1940[13] por Luis Barragán. En ellos construye dos casas y tres jardines. Una de las parcelas, que fue vendida posteriormente, se destinó enteramente a un jardín "de muestra". Primero construyó la casa Ortega, en la que vivió unos años; después, la que fue suya hasta su muerte.

---

[12] Figueroa Castrejón, Aníbal. *El arte de ver con inocencia. Pláticas con Luis Barragán*. México: Cuadernos Temporales 13. Universidad Autónoma Metropolitana, Unidad Axcapotzalco, 1989, p. 102.

[13] Existen discordancias con respecto a la fecha de la compra de los terrenos en Tacubaya. Según las fuentes consultadas estas fechas oscilan entre 1939 y 1941.

Casa Barragán: Situación.

CONTEXTO URBANO

La manzana en la que se sitúa la casa Barragán proporciona una imagen densa, apretada de construcción. El gran jardín de la casa Ortega, sumada al de la casa Barragán, forma una mancha verde que contrasta con la densidad constructiva del entorno.

La elección del enclave vino dada por la accesibilidad, un lugar céntrico, y por sus condiciones ambientales. El barrio conservaba el carácter autóctono, manteniendo las formas tradicionales de vivienda unifamiliar y popular.

LA CASA

Si atendemos a los patrones domésticos mencionados, la casa Barragán no responde en su configuración a la casa geometrizada: carece de una organización axial simétrica o lineal.

No responde tampoco a la casa de la modernidad: aunque la planta se dispone de un modo libre, no es libre en su configuración. La fachada no es libre, está dotada de la contundencia del muro. La circulación no es un esquema de trazo limpio, ni se halla enmascarada en las estancias, existen corredores que nacen de vestíbulos, corredores que dan a otros corredores. El tapanco se asemeja al altillo de la casa popular, un refugio más que un espacio continuo organizado en dos niveles, pese a que su cierre no llegue al techo, dejando fluir el espacio.

La cubierta es plana: una azotea a la que se llega a través de una escalera específica para ello. Pero es una cubierta cerrada, íntima, una estancia abierta al cielo, no un lugar para tomar el sol o una ampliación de la vida social de la casa.

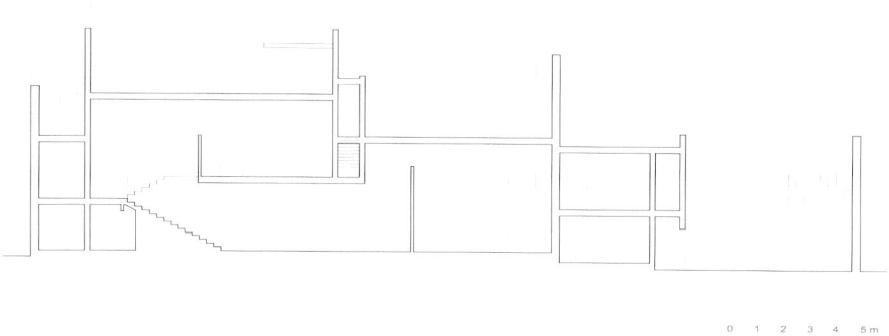

Casa Barragán: Sección.

La casa Barragán, esa casa que Luis Barragán identifica como un ser vivo, cambiante, se emparenta con la casa tradicional, con la casa vernácula y también con la casa inglesa que Muthesius estudió. Y se emparenta, no porque el arquitecto Barragán planteé que su casa ha de responder a la tradición, sino porque la ideación de la casa nace de la necesidad de satisfacer sus propios deseos de habitar, frente a la prevalencia de otros condicionantes estilísticos, geométricos o ideológicos. La casa responde al espacio ideal definido por Barragán,

> *Pienso que el espacio ideal debe contener en sí elementos de magia, serenidad, embrujo y misterio. Creo que estos pueden inspirar la mente de los hombres. Parece esencial crear esta atmósfera, aún en las metrópolis. El habitante de una gran ciudad tiene necesidad de un refugio alejado de las muchedumbres; la adopción de lo sobrio me parece la solución más idónea.* [14]

Esta casa ofrece una peculiaridad que no se aprecia en aquellas otras que identificamos con las casas de la modernidad: las dependencias de los sirvientes. Estas dependencias son servidas por una escalera propia que, naciendo en la planta baja, en la zona de servicio, sube directamente a los cuartos de la azotea, tal y como sucede en la casa inglesa tradicional. Tal y como nos explica Muthesius.

> *Es aún de mayor importancia en la casa inglesa que los caminos de los sirvientes y de la familia y los visitantes nunca se cruzarán –un requerimiento que un diseñador no encuentra siempre fácil de hallar. La solución apropiada depende en gran medida de la posición de las escaleras, particularmente en las plantas altas. La escalera principal es la del uso común de los ocupantes de la casa y sus invitados. Todo el otro tráfico, incluyendo el de los niños a sus habitaciones, usa una escalera secundaria, al menos se proyecta una "escalera interior" especial. Si tal escalera existe, siempre se requiere una escalera de servicio para el*

[14] Jorge Salvat. "Los colores de México". Entrevista a Luis Barragán en *Revista Nodo*, 45, 1981.

solo uso de los sirvientes. Esta está situada en la mejor posición en la que pueda suplementar a la escalera principal lo más provechosamente posible. La escalera de servicio se dispone directa desde el sótano hasta la última planta, y uno de sus principales usos es dar acceso a las habitaciones de los sirvientes, las cuales se ubican en el ático. [15]

El programa de las casas para la burguesía mejicana de la época –al igual que para la burguesía española, sin ir más lejos, o la inglesa de principios del siglo XX–, incluía las dependencias de servicio, de reducida superficie. La desproporción entre la mínima superficie destinada al servicio y la generosidad espacial del resto de las estancias llamó la atención a la crítica de arquitectura Esther McCoy. En 1951, McCoy realiza un reportaje sobre la arquitectura mejicana del momento, en el que incide en el espacio destinado al servicio, poco proporcionado en su superficie con relación al espacio de los señores.

[...] *En México hoy el hall de entrada, con una planta artificial, es más grande que la cocina. El criado o sirviente de la casa puede que un día, esperemos, tome prestado algo del espacio reservado a la habitación principal.* [16]

Casa Barragán. Recreación fotográfica del vestíbulo con E. McCoy y una sirvienta.

[15] Muthesius, Hermann. *The English house.* 1ª ed. en inglés. London: Crosby Lockwood Staples, 1979, p. 94 [Traducción de Das English house. 2ª ed. Berlín: Wasmuth, 1908-1911].

[16] McCoy, Esther. "Architecture in Mexico", en *Arts and Architecture* 68 (agosto de 1951), p. 27.

IDENTIFICACIÓN: IMÁGENES Y MITOS

Comúnmente la casa Barragán se reconoce a través de la fachada de la biblioteca, asomándose a la calle; el patio de las ollas; la escalera del tapanco, identificada con la escalera del ático de la casa Beistegui de Le Corbusier, a quien Barragán conoció en junio de 1931, en su segundo viaje a Europa.

Sin embargo, la casa Barragán trasciende estas imágenes, y sin negarlas, su valor y su condición de referente no están en ellas.

El hueco de la biblioteca actúa como un lucernario: introduce la luz desde lo alto. No permite asomarse, ni ver desde él.

El patio de las ollas es un reducto del jardín vinculado al estudio, pero no es el jardín en sí, ni un lugar de disfrute visual directo.

La escalera del tapanco es una escalera accesoria. Podría quitarse sin que ello alterase el ser de la casa. La relación con la escalera del ático de la casa Beistegui quizás sea puramente formal: una simple plegadura. Esta modalidad de escalera está presente a menudo en la arquitectura popular: piezas de piedra o madera ancladas al muro; la escalera más simple, una de las más primitivas. En la casa Ortega sí encontramos una escalera exterior que tendría una más clara relación con la francesa.

LA ESCALERA Y LA CASA

La casa Barragán se estructura a partir de un sistema vertical de circulaciones en el que confluyen los espacios estanciales. Es una casa de dos escaleras que discurren ajenas entre sí, que responden a vidas paralelas, engarzadas en el día a día del trabajo y la propia vida.

La escalera de la casa, heterodoxa, de dos tramos desiguales, llega a un primer nivel, el nivel del tapanco y del ámbito que fue una terraza inicial, posteriormente cubierta y convertida en habitación de invitados. El tramo que continúa subiendo da acceso a la parte más privada de la casa: el dormitorio y las estancias de Luis Barragán, el cuarto de tarde y el cuarto del Cristo. Este cuarto del Cristo proporciona continuidad en el camino hacia la azotea.

Esta pieza, la llamada cuarto del Cristo, junto con el vestíbulo y la escalera misma, constituyen la caja de la escalera. Caja que incluye la plegadura y los espacios que aportan la continuidad en el recorrido completo de la casa. En ella convergen todos los movimientos.

El tramo inicial nace sin barandilla; con el tiempo incorpora un rotundo pasamanos, que no altera la condición de la escalera, abierta al vestíbulo; desde él se relaciona con un ámbito público, o menos privado al menos: el nivel del tapanco. Sin embargo, a partir de aquí nace el peto de fábrica que oculta el discurrir del morador por su recinto más íntimo.

Como se ha indicado, es una casa que son dos. Una de ellas, la que más conocemos, la del arquitecto, extendida al jardín, con vistas y relaciones controladas, mirando a uno mismo y a un exterior construido con materia viva.

La otra, complementaria en el uso e independiente en su relación física con aquella a la que sirve.

Organizada a través de la escalera cuadrangular que sube directamente de la planta baja a los cuartos de servicio y a la lavandería. Ahí duermen y están los sirvientes. Una caja limpia, solo accesible y presente para los otros moradores. Ellos tienen su propia azotea.

El sistema circulatorio queda delimitado integrando la caja de la escalera de la casa con esta. Un corazón interpuesto entre los locales con frente a la calle, de los invitados y el recibir, y los interiores, mirando al jardín, los del estar y el habitar.

Y la escalera del tapanco. Pertenece a la biblioteca, en la que se hace presente. Podría prescindirse de ella. Es la escalera tótem, la imagen, la escultura, el símbolo.

CASA ARVESÚ

Para entender la casa Arvesú, quizás convenga recordar las palabras de Alejandro de la Sota al presentar la obra en la revista *Informes de la Construcción.*

> *Nació esta casa con temor al gran porvenir de la calle del Doctor Arce, donde se construyó; en su miedo trató de aislarse de ella y también de su vecina. Buscó la luz y aire hacia el jardín, hoy menguado, pero con esperanza de crecer. Casa abierta al mediodía –es decir: a la luz y al sol–, al jardín y a la paz, etc., y cerrada al norte –o sea: al viento y al frío–, a ruido, calles, etc.*
>
> *Su planta es, en mucho, consecuencia de las ordenanzas municipales; realmente es su envuelta. Se proyectó su fachada en contra de lo que normalmente se entiende por tal; también se proyectó su entrada con modestia, casi con disimulo, en contra de las entradas ostentosas y fanfarronas.*
>
> *Hay muchas cosas que tal vez no aguantan el análisis profundo sobre el porqué de su existencia: desaparecen.*[17]

Estas líneas, que sintetizan la memoria redactada para el proyecto, parecen conducirnos a interpretar el desarrollo de un proceso creativo lineal a partir de

[17] De la Sota, Alejandro. "Casa en el Viso, Madrid". *Informes de la Construcción*, 78, 1956.

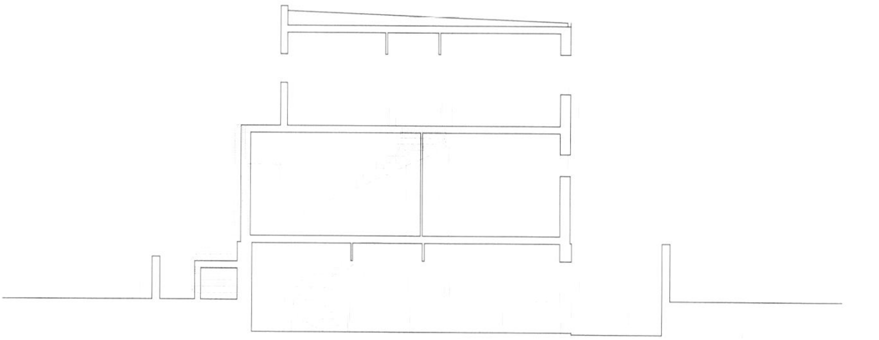

Casa Arvesú. Sección.

los parámetros definidos por el lugar, un medio urbano, ruidoso, inhóspito; la normativa, que marca la alineación, la separación a linderos; y la orientación, que es contraria a la calle.

Según esto la formalización, la configuración, la disposición de los elementos surgen de una manera natural, casi mecánica. No podría ser de otro modo. La normativa, el lugar, el programa conducen a la solución de un modo automático. La solución viene dada por las circunstancias. Una explicación análoga a la que podríamos dar al proyecto del Gimnasio Maravillas. La respuesta arquitectónica no es más que una respuesta lógica a una necesidad, a un programa y a un lugar. La arquitectura lógica propugnada por Alejandro de la Sota.

Evidentemente, Alejandro de la Sota, habla de su propia lógica proyectual, y de su propio proceso de trabajo. Una lógica gestada por la sensibilidad y el estudio. No podemos sino pensar cuánto hay de ocultación del proceso propio de trabajo. Cuánto conocimiento y cuanto estudio enmascarados en inmediatez. O quizás ni ocultados ni enmascarados, sino interiorizados de tal modo que fluyen en el momento adecuado, provocando esa lógica del proceso que deja desamparados a cuantos carecen de esa aparente facilidad. ¿Cuánto hay pues de estudio, de conocimiento profundo de la arquitectura, de conocimiento riguroso de los mecanismos de conformación espacial?

SITUACIÓN

La casa Arvesú se sitúa en la esquina entre la calle Gómez Ortega (actual calle Oria) y la calle del Dr. Arce, una de las calles perimetrales de la Colonia El Viso, urbanización desarrollada en los años 30. En *Informes de la Construcción*, donde se publicó en 1956, así se identificaba la casa: *Casa en el Viso*. En 1974 se publica de nuevo en la revista *Nueva Forma*, con el mismo epígrafe.

Ocupaba la casa el nº 20 de dicha calle, tal y como se aprecia en las fotos de la época. Este número se corresponde con el nº 14 actual (y no con el 20, como se recoge en la Fundación Alejandro de la Sota). En 1987 se demuele para ser sustituida por un edificio de viviendas. Los lindes de la parcela no se han modificado, solo la ocupación ha sido alterada.

CONTEXTO: LA COLONIA PARQUE RESIDENCIA Y LA COLONIA EL VISO

En los años 30, en los terrenos conocidos como Altos del Hipódromo, propiedad de Gregorio Iturbe –uno de los promotores inmobiliarios más importantes de Madrid en los años 20–, se acometen una serie de promociones residenciales amparándose en la legislación de Casas Baratas. Estas viviendas fueron ocupadas por profesionales e intelectuales de clase media-alta. Entre ellas la Colonia Parque Residencia, diseñada por los arquitectos Rafael Bergamín, Luis Blanco Soler y el ingeniero Javier Gómez de la Serna[18]. En continuidad se plantea la Colonia El Viso[19] entre 1933 y 1936, proyectada por Rafael Bergamín y su sobrino, Luis Felipe Vivanco. En su nacimiento, ocupaban una zona periférica que en la actualidad ha quedado absorbida por el crecimiento de Madrid.

Las viviendas planteadas para estas colonias respondían a un patrón similar:

> *En la primera* [planta], *a modo de entresuelo, se localizaban los diferentes servicios y la cocina. En la planta baja, comedor, vestíbulo, despacho y aseo. Y en la planta superior, los dormitorios, cuatro o cinco y cuarto de baño. Se buscaba una separación completa de la circulación principal y la de servicio y el máximo de ventilación e iluminación en los dormitorios.*

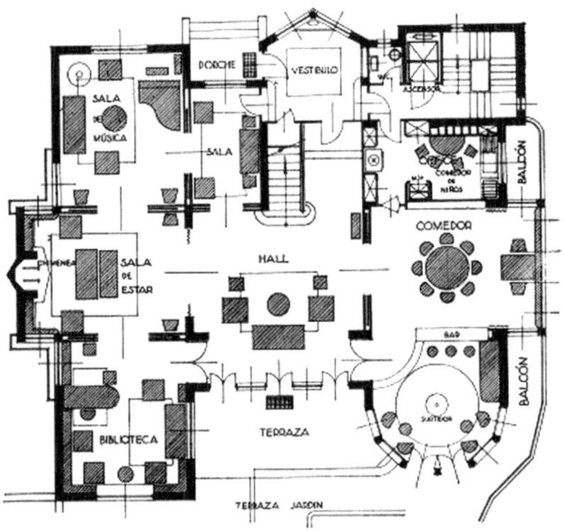

Casa Barco de Rafael Bergamín en la Colonia El Viso, 1933.

[18] El ámbito de la Colonia Parque Residencia quedaba delimitado por las calles Castellana, Joaquín Costa, Vitrubio, Carbonero y Sol, Jorge Manrique y Belalcázar.

[19] Los límites de la Colonia El Viso los marcaban las calles Dr. Arce, Rodríguez Marín, Cinca, Segre, Darro, Serrano, Castellana y Vitrubio.

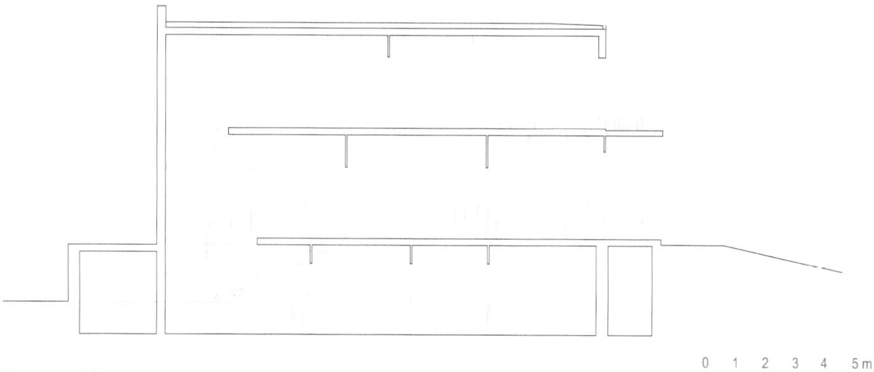

Casa Arvesú. Sección.

> [...] *Todas las viviendas parten de una mismo tipología: casa prismática de doble crujía, de dos alturas más semisótano (algunas tienen una tercera altura retranqueada respecto de una de las fachadas), doble orientación y doble entrada, de superficies enfoscadas y pintadas de diferentes colores cuya visión debía quedar tamizada por las "pantallas" vegetales generadas desde los distintos jardines privados ("ciudad jardín").*[20]

LA CASA ARVESÚ

¿Y qué casa es la casa Arvesú?
No es la casa geometrizada; renuncia a ser ella. Tampoco es la casa de la modernidad: no se trata de una planta libre, de una casa de espacio fluido e interconectado. Las estancias se delimitan, se ajustan a unas necesidades, a un programa convencional. Se mantiene la cubierta plana.

Volvemos a estar ante la casa, la casa libre, aquella que se organiza según un programa, recogiendo la evolución de la casa tradicional, de la casa vernácula, sometida a la separación entre lo público y lo privado, lo representativo y lo íntimo.

¿Podría ser la casa de otro modo? Seguramente. La casa ocupa una parte de la parcela, la de mayor amplitud. Puede pensarse que para ganar espacio libre, una planta que podría ser lineal, como se plantea en alguno de los croquis iniciales, se enrosca para acomodarse a la parcela, y ocupar la extensión justa. Este encaracolado define una escalera de traza curva, de geometría difícil, híbrida.

La fachada maciza y el abrirse al jardín responden a una voluntad, a una intención arquitectónica muy clara, que lleva incluso a una formalización de la entrada a partir del movimiento del muro, de su despliegue para abrir un resquicio por el que penetrar al interior.

---

[20] <http://urbancidades.wordpress.com/2007/04/10/15/>, 2013/11/20.

Nos preguntamos si aplicando la lógica de Sota, ¿podríamos llegar a la casa de Bergamín en la calle Nervión? La lógica del proceso proyectual se aplica en coherencia con uno mismo, no es lineal o lógica en un sentido abstracto o genérico.

LA ESCALERA

La escalera se adhiere a la fachada. Podría haberse desarrollado según un esquema lineal que nos remitiese a la escalera geometrizada, y sin embargo, la escalera ligera y abierta que vemos en las imágenes, adopta la densidad del muro para frenar la intromisión de la calle y del mundo.

Esta escalera adherida a la fachada incrementa el grosor del muro que atravesamos para acceder al interior, refuerza la opacidad de ese muro que separa de la calle, que limita el ruido del exterior. Los moradores se aíslan para mirar al lugar construido para ellos: el jardín.

La posición de la escalera nos remite, en una primera instancia, al castillo, a la fortaleza de gruesos muros de fábrica, con peldaños incrustados en él. Una imagen poderosa. Aunque existen otras referencias arquitectónicas menos inmediatas y visuales, y más cercanas en el tiempo, las que aportan soluciones similares a lo que podrían ser intenciones coincidentes.

La casa Wandel (1927) y la casa Schoppers (1928) de Arne Jacobsen muestran una configuración análoga al disponer la escalera con relación al acceso y a la vida interior. Son dos obras proyectadas en los inicios de su trayectoria, en las que lenguaje no ha alcanzado la depuración formal que alcanzaría posteriormente. En ellas la escalera se adosa también a la fachada. Ofrecen una configuración geométrica y neutra, en clara contradicción con una planta osada e intencionada, de la que se desprende un posicionamiento claro de la vida interior respecto de lo externo.

La imagen de la escalera de la casa Arvesú se ha convertido en un icono de la arquitectura de Alejandro de la Sota. Una imagen paradigmática, singular. Una imagen de una enorme pregnancia, tratada como un hallazgo único. Sin embargo la casa Rhapsody[21] de Gerrit Rietveld, construida para el violinista húngaro Zóltan Székely (1934) nos muestra una configuración de escalera que podemos relacionar con esta casa de Sota. Hasta podrían confundirse ambas. Sin embargo, esa nítida referencia visual no reviste una vinculación análoga en el ser de la casa.

---

[21] Casa para el violinista húngaro Zóltan Székely (1934) en Santpoor, Holanda.
Van Toorn, Roemer et al. "Gerrit Th. Rietveld: Casas = Houses", en 2G, 39-40. Barcelona: Gustavo Gili, 2006.
García García, Rafael. "Gerrit Rietveld. Casas después de la Schroeder", en *Cuaderno de Notas*, 5, 1997.
A partir de los años 30 las casas de Gerrit Rietveld ofrecen una evolución formal y funcional respecto de la casa Schröder, de 1924. Sobre esta pesa una visión de juguete o de maqueta, de invento feliz, que entra en flagrante contradicción con la continua ocupación de la misma por la señora Schröder, para quien estuvo pensada y construida.

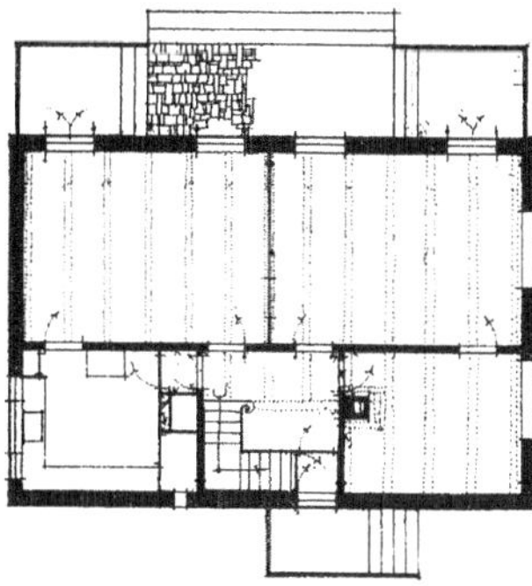

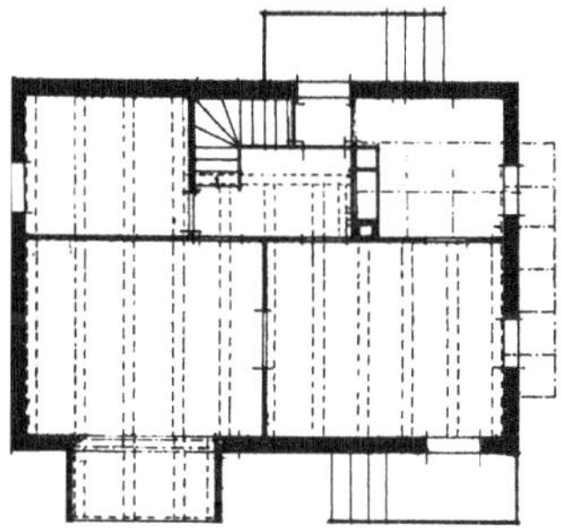

Arne Jacobsen: Casa Wandel. Casa Schopers.
Casa Arvesú de Alejandro de la Sota. Escalera principal.
Casa Rhapsody de Gerrit Rietveld. Escalera principal.

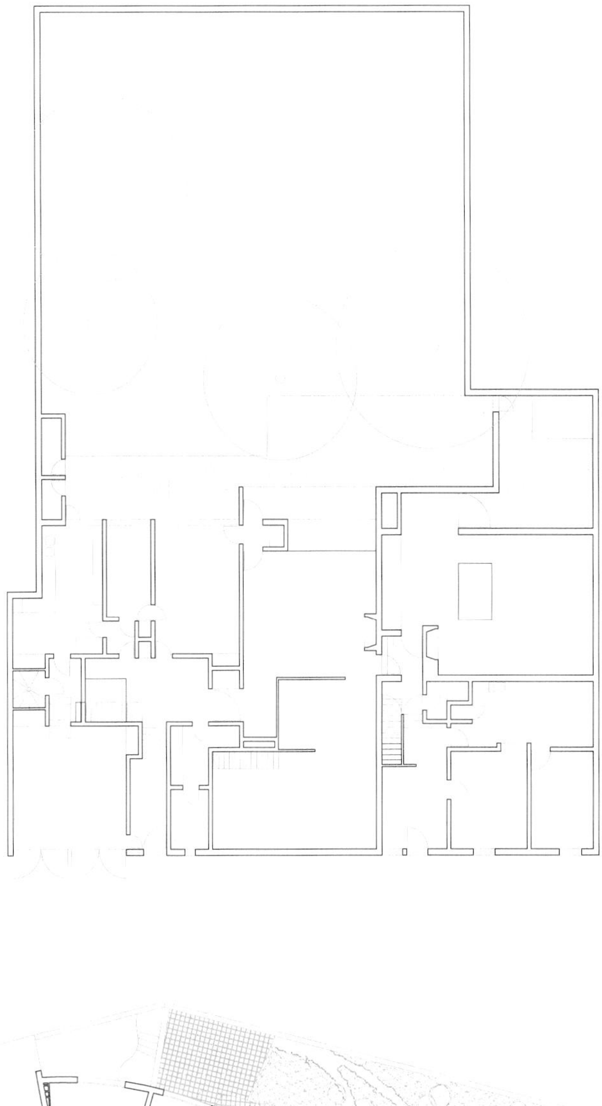

Casa Barragán. Planta.
Casa Arvesú. Planta.

¿Conocía Sota esta casa, esta escalera? No importa si fue así o no. Si la conocía, lo habría interiorizado tanto que el gesto se hace suyo, se apropia de él, y nosotros lo percibimos como si por primera vez hubiese sido imaginado.

La escalera de la casa Arvesú parece única, y sin embargo no lo es. Estamos ante un organismo en el que se superponen dos plegaduras: la escalera de la casa, de imagen limpia y blanca reproducida como seña del artefacto, y la escalera oculta bajo ella, la que nos conduce al lugar del servicio, a la cocina y a las estancias de trabajo doméstico.

Aquí no hay altillo ni hay escalera que suba a un ático, como en la casa Barragán, sino una escalera que baja a los sótanos. La casa se adapta perfectamente a las normas de la colonia, y dispone las dependencias de servicio fuera del ámbito de circulación principal, pero recurriendo a la solución funcional aportada por las casas inglesas urbanas, ejemplificadas por los modelos de las *square houses*.

El sistema circulatorio de la casa abraza el vestíbulo de la planta noble y el distribuidor de planta alta. La escalera se complementa con el vestíbulo y los distribuidores de la planta de servicio y de la planta alta o de los dormitorios.

LA CASA BARRAGÁN Y LA CASA ARVESÚ: CONVERGENCIA EN LOS PROCESOS DE IDEACIÓN DE LUIS BARRAGÁN Y ALEJANDRO DE LA SOTA.

En pocas ocasiones se habla del morador, del destinatario de la casa. Los arquitectos relatamos las obras de arquitectura de forma autónoma con respecto a las personas que la habitarán o que la han habitado. En todo caso, el programa y el lugar son las referencias canónicas. Sin embargo, los moradores, esos moradores que conocemos por el nombre de las casas, están presentes en la respuesta que el arquitecto formula. En el caso de la casa Barragán es evidente que el morador, el propio arquitecto, ha determinado cada elemento; no es posible pensar que la casa de la calle Dr. Arce número veinte no respondiese al deseo, a la necesidad del doctor Arvesú. Sota da respuesta a una necesidad, que si no se formuló con la claridad y lógica con la que él resolvió el problema, sí estaría subyacente en las conversaciones que seguramente ambos, cliente y arquitecto, habrían mantenido para dar forma a la morada.

Incluso el tamaño de cada casa seguramente responde a la fisiología de sus proyectistas, o de sus habitantes, ¡quién sabe!

La escalera es la parte desde la que han sido estudiadas y analizadas la casa Barragán y la casa Arvesú. La escalera de una y otra han permitido indagar en el proceso proyectual de sus autores, comprender por qué estas casas son modelos de Arquitectura, por qué ambas trascienden su propio momento de creación, por qué ambas, siendo tan distintas, responden a una intención análoga. Suele decirse que, en sus aspectos primarios, la Arquitectura se sustancia a partir de la relación entre el lugar y el programa. Las dos casas ofrecen una respuesta análoga a ambos.

EL PROGRAMA

En los dos casos el programa existe: un programa convencional para la época en que se construyó cada una. No se produce un cuestionamiento al respecto. No se producen aportaciones o respuestas singulares. Es más, podríamos decir que se trata de un programa análogo, pese a la distancia geográfica y temporal entre ambas residencias.

Si aplicamos el punto de vista de Esther McCoy, se trata incluso de un programa alejado de la modernidad, tomando como patrón de modernidad el programa doméstico para la clase media y media-alta en Estados Unidos en los años cincuenta del siglo XX.

EL LUGAR

Considerando el lugar como el conglomerado constituido por la topografía, la vegetación, las preexistencias, las vistas, los olores, la orientación, el color..., nos encontramos en ambos casos, con la indiferencia de la casa hacia al entorno circundante.

El lugar aporta los límites, la orientación, el acceso. Las dos casas se cierran a ese entorno circundante. Al cerrarse construyen el lugar de todos. Pero también construyen su propio lugar. Construyen su geografía.

En las dos existe un deseo de alejamiento de la vida en la calle. Sin renunciar a la vida urbana, el morador mira hacia adentro, hacia un jardín. Cada una de estas casas construye su topografía, aporta su vegetación, define sus vistas. Se acota la percepción sobre ese lugar construido para sí.

Entre ellas existe, por otro lado, una diferencia fundamental: el habitante. Barragán construye para sí; Sota proyecta para otro. Suponemos que habrá comprendido las necesidades de ese morador: el arquitecto no impone la forma de vivir. El arquitecto no es tan poderoso. Cuando quiere serlo, fracasa.

Las dos casas no son prototipos. No son unas casas para la abstracción. Son organismos hechos para ser vividos, escenarios para la vida. Quizás por ello una habita anónima la ciudad, y la otra ha desaparecido, sometida a las disposiciones impredecibles del tiempo.

MARÍA CARREIRO OTERO

Doctora arquitecta por la UDC en 2003, es Profesora Contratada Doctora del Área de Proyectos del Departamento de Proyectos Arquitectónicos y Urbanismo de la ETS Arquitectura de A Coruña. Ponente en diversos congresos, editora de numerosas publicaciones, publica los libros *Los espacios cotidianos. La casa y el lugar* (2006), *El pliegue complejo. La escalera* (2007) y *Siete escaleras, siete casas* (2010). Desarrolla como Investigadora Principal del grupo MAGA el proyecto de investigación "Mujeres Arquitectas de Galicia. Su papel en la profesión y en la enseñanza de la profesión".

CÁNDIDO LÓPEZ GONZÁLEZ

Doctor arquitecto por la UDC en 2011, es Máster en Patología y Restauración Arquitectónica por la UDC, Posgraduado en Paisaje, Ordenación del Territorio e Impacto Ambiental por la UPC y Especialista en Equipamientos e Instalaciones deportivas por la UPM. Desenvuelve su actividad docente como Profesor Contratado Doctor del Área de Urbanística y Ordenación del Territorio del Departamento de Proyectos Arquitectónicos y Urbanismo de la ETS Arquitectura de A Coruña. Editor de diversas publicaciones, es el autor del libro *El espacio deportivo a cubierto. Forma y lugar* (2012).

Ambos investigadores forman parte del Grupo de Arquitectura y Urbanismo Sostenible -GAUS- de la UDC. Desarrollan su actividad profesional desde el año 1989, tanto en el campo de la arquitectura como del urbanismo, asociados en el despacho *mccl arquitectos*. Han sido galardonados con diversos premios en concursos de arquitectura. Sus obras han sido publicadas en revistas y catálogos especializados.

Alejandro de la Sota.

ALEJANDRO DE LA SOTA
El dibujo como lenguaje

Pedro de Llano Cabado
ETSA Coruña

A todo aquel que pretenda acercarse a la importancia del lenguaje gráfico en el proceso de diseño de Alejandro de la Sota -un creador que continuamente dibuja para sí mismo utilizando el grafismo como primer lenguaje de autocomunicación- los millares de dibujos, de todo tipo, guardados en su estudio habrán de llevarlo al encuentro con un creador que dibuja ideas, reflexiona sobre ellas por medio de esos dibujos, con ellos concreta las distintas posibilidades surgidas de su proceso de reflexión y, finalmente, los utiliza para convencer a otros de esas conjeturas.

Si de alguien se puede decir que explotó hasta sus últimos límites las posibilidades del dibujo, ese alguien es, sin duda, Alejandro de la Sota.

Durante toda su vida el grafismo aparece, una y otra vez, en el comienzo de cada una de sus aventuras arquitectónicas hasta el punto de que sería imposible hablar de su evolución como creador al margen de sus dibujos.

¿Cuál pudo ser su influencia en su arquitectura?

¿Hasta qué punto pueden apoyar esos dibujos el conocimiento de su proceso creativo?

Para la comprensión del papel del dibujo como lenguaje secundario de la arquitectura, el conocimiento de su uso en el caso de Alejandro de la Sota constituye, sin duda, la más atractiva muestra que la cultura del siglo XX español pueda ofrecernos.

Mi planteamiento sobre el papel del dibujo en el proceso creativo de un arquitecto cambió radicalmente cuando, hace ya muchos años, llegó a mis manos un pequeño catálogo editado en Barcelona para una exposición de sus dibujos.

En aquel pequeño libro no esperaba encontrar más que una breve selección de trabajos gráficos y, tal vez, algún corto y poético escrito sobre los mismos... Después de todo no era más que un catálogo para una galería de arte. Sin embargo -en lugar de una colección de bocetos realizados desde una actitud de simple complacencia estética- encontré un conjunto de dibujos que, lejos de reivindicar para sí mismos valor autónomo alguno, me permitirían reconocerlos como el lenguaje que hizo posible el diálogo entre el arquitecto y su pensamiento.

Aquel catálogo habría de sugerirme una reflexión inédita sobre la relación entre la arquitectura y el grafismo que la hizo posible, recordándome que, en último término, lo importante en el dibujo es lo que queremos comunicar y no cómo lo hacemos.

Una relación inmejorablemente definida en un inolvidable texto redactado por el autor de su contenido con ocasión de una entrega de premios de proyectos fin de carrera de la Escuela de Arquitectura de Madrid.

> *Se quiere pensar -escribió entonces- que quizás por la escasez de trabajo profesional, tal vez por el exquisito narcisismo puesto en nuestra actividad en la mesa de trabajo o por una excesiva atención en la calidad del dibujo de arquitectura, falta una formulación de raíz en la mayoría de los proyectos. Verdaderamente me gustaría encontrar un buen proyecto, si se quiere, hasta mal dibujado.*
>
> *Esto, ya se sabe, es un comentario excesivo, pero fácil de comprender. El arquitecto debe pensar muchísimo antes de dibujar sus proyectos y una vez sabidos y requetesabidos, decir por medio del dibujo lo que tiene pensado, para que otros, los constructores, con sus planos, bien claros, bien explicados, construyan su pensamiento. ¿Quiénes serán sus jueces? De los planos y de su calidad, los constructores. De su obra, realizada, hecha, todos.*

Alejandro de la Sota negaba, así, que los dibujos de los arquitectos puedan tener un interés independiente como muestra de grafismo; que puedan llegar a constituir algo más que un arte incompleto... y, sin embargo, en aquel catálogo se escondía un deslumbrante dibujante. Una sutil y delicadísima visión del mundo y de la arquitectura concretada en unas breves, suaves y ligeras líneas que, sin duda, constituyen un ejemplo difícilmente superable de la utilización del dibujo como lenguaje en la actividad creativa. Unas líneas en las que la presencia del autor va a manifestarse precisamente por su deseo de ausentarse.

Era, la suya, una visión del dibujo que lejos de la apariencia de constituir una espontánea y personal forma de expresión, aparecía ante nosotros como fruto de una larga, muy larga, reflexión sobre la arquitectura y el papel del lenguaje gráfico en su gestación.

Desde esta perspectiva creo que puede resultar de gran interés el seguimiento de un conjunto de proyectos pertenecientes a distintas fases de su vida que, situados en su contexto histórico, podrán permitirnos observar la evolución personal y creativa de un maestro de arquitectos junto a la progresiva transformación de sus criterios gráficos.

¿En qué circunstancias se produce cada uno de los saltos que posibilitaron la definición de su última arquitectura?

¿Cuáles fueron los ascendientes de su mundo creativo?

¿Cuáles las influencias gráficas ajenas o no al ámbito de la arquitectura?

A lo largo de una sucesión de períodos perfectamente delimitados, podremos seguir sus pasos como arquitecto y dibujante.

1. Son períodos que -en medio del agobiante historicismo de la posguerra- comienzan, como antes habían hecho sus maestros, reinterpretando las enseñanzas de una arquitectura anónima donde no deja de ver la más evidente muestra de racionalidad.

El arquitecto examina, con entusiasmo, el porqué de sus soluciones tipológicas, de su inteligente y lógico uso de los materiales, de su integración en el medio... dejando un transparente poso en unos dibujos que -a pesar de la triste realidad gráfica del país- experimentan un rápido proceso evolutivo en el que un inicial naturalismo descriptivo se irá despojando progresivamente de los hábitos del momento en busca de una nueva y original personalidad.

Fue entonces cuando, en compañía de José Luis Fernández del Amo, diseñó distintos poblados que, como Esquivel, le permitirán dar un fundamental salto creativo apoyándose en un grafismo que abandona sus orígenes sin perder, definitivamente, su influencia.

> *Al recibir el encargo de* ***Esquivel*** *-escribió en aquel momento- viví Andalucía: viajes, estancias sin fotos; todo a la memoria. Después olvidar. Pasado el tiempo, del recuerdo dibujé detalles: puertas, ventanas, hierros, chimeneas, tapias, fuentes, bancos, faroles... Luego el sol, la cal y la sal.*

2. La segunda fase de su obra -ligada a un organicismo lleno de carácter- aparece fundamentalmente definida por la realización del proyecto para una vivienda unifamiliar en la que resume todos los avances hasta entonces realizados en su personal evolución y su encuentro, en Berlín, con la obra de los grandes maestros europeos del inicio del siglo XX.

En la vivienda, construida en la calle Doctor Arce de Madrid, para el doctor Arvesú, la arquitectura aparece tratada como un cuerpo plástico que acerca sus formas al mundo de la biomorfología.

Alejándose de cualquier solución escolástica, el joven de la Sota aborda en unos dibujos -tras los que podemos percibir la influencia de Mendelsohn- la fijación en el papel de una arquitectura casi escultórica definida por medio de enérgicos y gestuales apuntes.

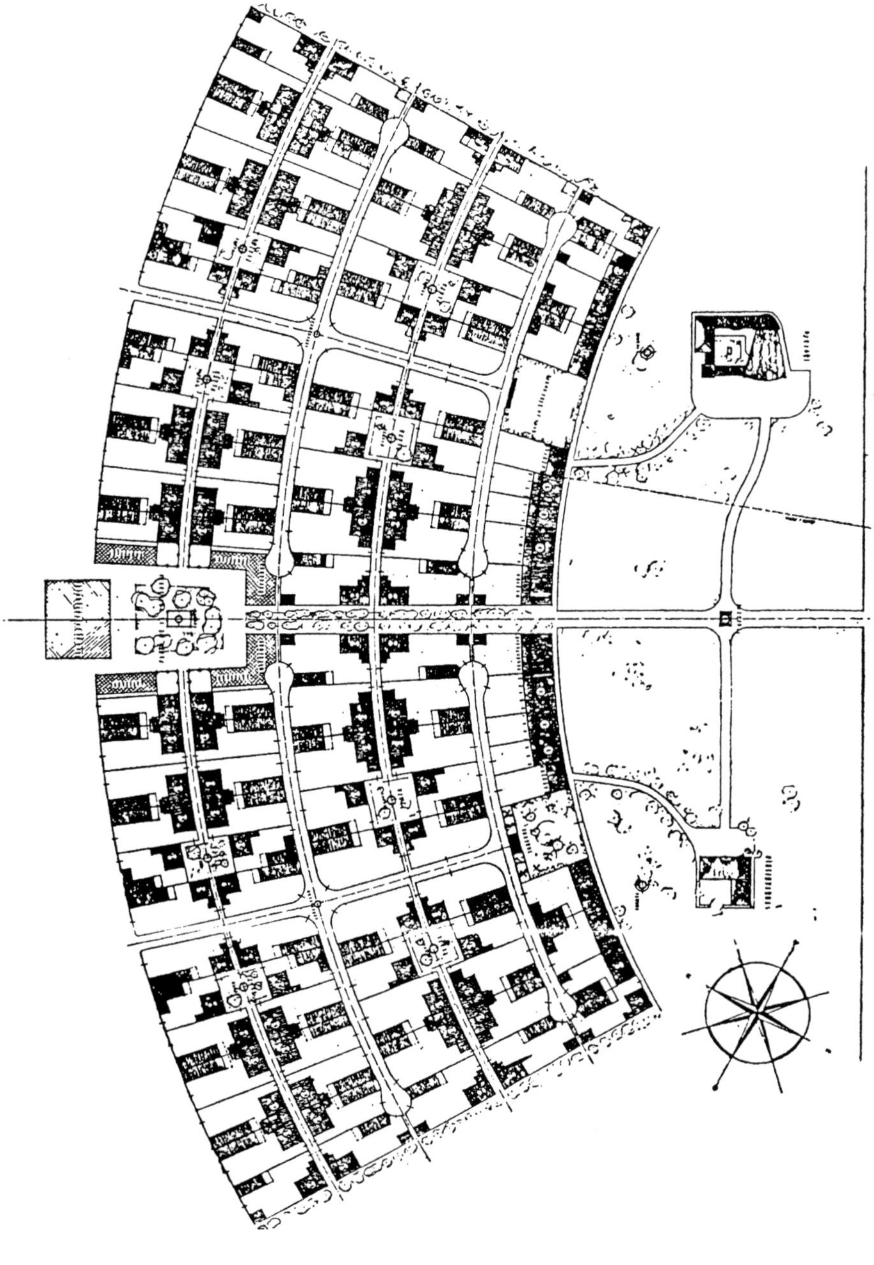

Poblado de colonización de Esquivel. Planta general.

No se trata -ni en este ni en ninguno de sus otros trabajos gráficos de aquel tiempo- de hacer hermosos dibujos, sino dibujos que se entiendan. Que expresen correcta y claramente aquello que se quiere comunicar... Más, aun así, algunos de ellos van acercándose, cada vez más, a las suaves líneas que, en el futuro, definirán la esencia de sus proyectos, haciéndonos vibrar como un poema...

Un poema que en su interior contiene una incomparable arquitectura.

3. Son, aquellos, años en los que Alejandro de la Sota estudia la obra de padres de la arquitectura del pasado siglo (Wright, Aalto, Le Corbusier, Mies...). Observa sus criterios gráficos... Copia sus dibujos aprendiendo a ver a través de los ojos del autor de cada obra...

> *Al copiar, dibujando, algunas de las obras del maestro -dice refiriéndose a Wright- asombra más su persona. Mil obras más, copiadas, mil asombros más, mil inspiraciones...*

El arquitecto analiza sus proyectos utilizando el dibujo como elemento condensador. *"Acostumbrémonos al análisis* -reflexiona- *y con el tiempo, el análisis permitirá que la síntesis se convierta en hábito mental"*. Para ello, "lee" sus proyectos comprobando sus tesis por medio de esquemas gráficos que extractan operaciones mentales pertenecientes al terreno de la conceptualización...

Mientras, su propio carácter como diseñador, continuará forjándose a través de la predilección por la sobriedad formal y por su interés en la renovación tecnológica. Las -en sus palabras- *"sublimes rectas y sublimes planos"* que tantos días de entusiasmo habrían de darle, pasan entonces a ocupar el lugar de *"la línea de los dioses de Gaudí"*.

> *En la creación* -dice- *no hay términos medios.*

4. Su talento, entre tanto -después de acceder al repertorio gráfico del racionalismo- reduce ya su lenguaje a un cada vez más limitado número de trazos que le permitirán concretar gráficamente las intuiciones de las que, luego, habrían de salir dos de las más significativas obras de la arquitectura española del pasado siglo, el **Gobierno Civil de Tarragona** y el **Gimnasio Maravillas**.

El Gobierno Civil (en el que, tras una reflexión personal sobre la obra de Eduardo Chillida) un, aún presente, plasticismo nos va a ofrecer, a través de su fachada, uno de los trabajos compositivos más atractivos de su obra es explicado, en su proceso de ajuste, por medio de un sencillo diagrama.

> *Yo creo muy seriamente* -escribió sobre el escultor vasco- *que el mundo sería distinto si gustase del arte abstracto; lo creo así. Si la*

Gimnasio Maravillas. Calle Joaquín Costa.
Escultura de Eduardo Chillida.
Gobierno Civil de Tarragona. Fotografía de la fachada.

Humanidad se elevase tanto, tanto, que dejase de ser, las relaciones entre los hombres serían otras, mejores, distintas, nuevas. Es necesario gozar de las cosas allí donde casi dejan de serlo, en el principio de ellas, donde desapareció tanto de su superficialidad, que no queda más que ese escollo puro, lo noble que hay en toda cosa.

El Gimnasio Maravillas queda definitivamente explicado por un espléndido corte definido en un diagramático e inolvidable boceto. Su auténtica generatriz.

Estudiando la sección abocetada de la que habría de surgir el edificio podemos presentir la presencia de cada uno de sus aspectos determinantes (relación con el emplazamiento, programa, luz, ventilación, materiales...)

El procedimiento para hacer una arquitectura lógica -dice sobre su planteamiento del proyecto- es fácil: Se plantea un problema en toda su extensión, se ordenan todos los datos que se hacen exhaustivos teniendo en cuenta todos los posibles puntos de vista existentes. Se estudian todas las posibilidades materiales de construir la solución. El resultado obtenido; si es serio y si es verdad el camino recorrido es arquitectura.

En él, además, el proceso de concreción seguido en su elaboración gráfica destierra definitivamente cualquier concesión, a la vez que se manifiesta cada vez más riguroso y más severo en la búsqueda de la integridad espiritual de sus modelos.

Su dibujo, convertido en líneas esenciales, es -cada vez con más fuerza- depositario último de la idea. Tal como escribió Antón Capitel, apropiarse de ella, al conseguir lograrla por medio de la materia real constituirá su meta.

Con el **Gimnasio Maravillas** Alejandro de la Sota ha alcanzado ya una madurez caracterizada por el progresivo afán intelectual de ir desprendiéndose de lo accesorio en busca de la esencia de la idea.

"*Gozar de las cosas* -dice- *allí donde dejan de serlo...*" Una aspiración que lo llevará a una arquitectura y a un grafismo situados entre el más austero realismo y la más abstracta idealización.

La afición por la música -cuenta Miguel Angel Baldellou refiriéndose a una de sus más grandes pasiones- *tiene una serie de consecuencias: fuerza a la abstracción, a la sutileza de las tonalidades y al rigor de la medida del tiempo y el espacio. Todos estos aspectos educados en la música producen una fácil sensibilización para lo sutil, para lo trascendente, que se traducen en cualidades específicas en la arquitectura y el grafismo de su autor...Y además, debido a sus preferencias musicales, a conseguirlo con una enorme economía de medios, basando los efectos en la sutileza de las alteraciones y en la sencillez de la estructura.*

Y, como consecuencia, es la suya una maravillosa arquitectura que con la máxima simplicidad huye de toda rigidez. Una arquitectura en la que la máxima simplicidad exterior recoge cualquier problema interno. En la que el autor huye de cualquier "efecto especial", de la rigidez, de cualquier composición simétrica, de la enfatización de los accesos, de los espacios centralizados, de los ejes... Una arquitectura caracterizada por su sensibilidad para los detalles llevando al límite las posibilidades tecnológicas con las que cuenta.

Utilizar un edificio -escribe- *es no notarlo.*

5. Desde su archivo un gran número de dibujos, esquemas, bocetos, croquis, planos... nos ofrecen, a partir de entonces, un magnífico compendio de su lenguaje gráfico.

Ellos serán -siguiendo la definición del propio Sota para su arquitectura- "**lo más nada posible**", mostrándonos su inigualable capacidad para concretar un futuro material por medio de un cada vez más limitado número de trazos.

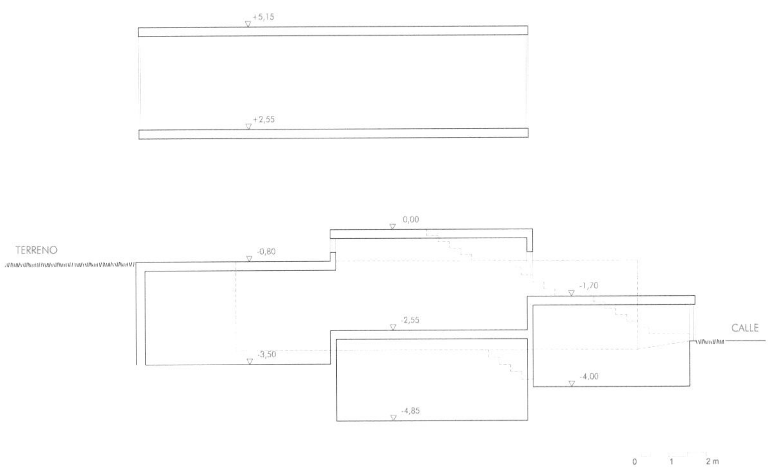

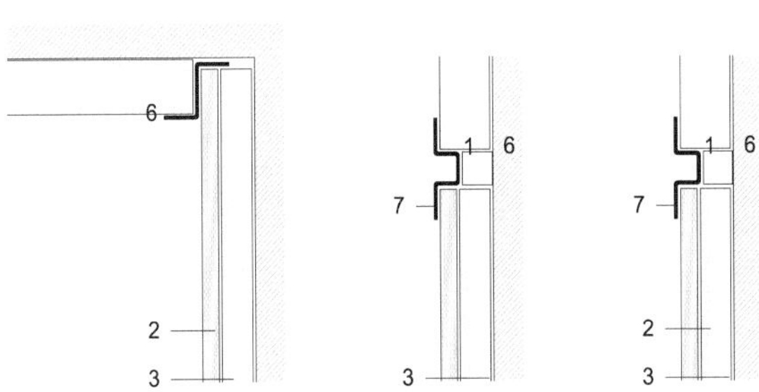

Vivienda del señor Domínguez en A Caeira, Pontevedra. Sección_
Casa Varela en Villalba, Madrid. Detalle de montaje de paneles (ambos redibujados por Pablo Rodríguez, 2014).

Quisiera ser tan conciso con mis dibujos -me dijo en una ocasión refiriéndose a la documentación gráfica de la Casa Domínguez- *como intento serlo con mi arquitectura.*

En el proceso de concreción de la Casa de La Caeira, Sota nos muestra como una atractiva idea, definida, una vez más, por un mínimo esquema, puede dar vida a una Arquitectura. Una idea que él desarrolla con sueltos bocetos en los que un limpio paralelepípedo levita separado de la construcción semienterrada por medio de una "planta libre". Una idea que, al final, concretará con una lacónica sección en la que -con el fin de acentuar la sensación de separación entre las dos partes- desaparecerá el cuerpo intermedio reduciendo la escalera a una, casi inexistente, línea de puntos. Mientras, en otro de sus proyectos, la **Casa Varela**, el arquitecto desarrolla con radicalidad su inquietud tecnológica.

La vivienda permite -en este caso- nuevas experiencias en las que la simplicidad resulta fundamental y la definición de los distintos elementos, necesarios para su producción en serie, deberá adaptarse milimétricamente a las necesidades

Sede de la compañía aérea Aviaco. Perspectiva (redibujado por Pablo Rodríguez, 2014).

del proceso determinando unos criterios gráficos en los que, mientras los planos fundamentales son representados de una forma sumamente sucinta, unos sobrios detalles aportan -con exactitud y precisión- una muy minuciosa información que facilitará el proceso constructivo permitiéndonos sostener que fragmentos gráficos, como alguna de sus secciones constructivas, se aproximan en su concisión y rigor a su mejor arquitectura.

Son, ambos, proyectos en los que -por supuesto- continúa afinando su proceso de minimalización dibujística, hasta llegar a una total economía gráfica.

Plantas en las que un dibujo homogéneo y continuo se limitará a comunicarnos la relación entre sus distintos espacios escapando de innecesarias definiciones constructivas.

Alzados reducidos a un conjunto de líneas que, delimitando lo esencial, abreviarán su contenido hasta el límite.

Secciones que, reducidas a tres simples trazos horizontales, se limitarán a informarnos sobre la implantación de la arquitectura en su emplazamiento.

"*Menos es más*"... había dicho su maestro.

6. Apoyado en estas y en otras experiencias, y después de largos años de evolución, su pensamiento arquitectónico ha llegado, ya, a la cima.

Sus programas, basados en la sencillez y en la versatilidad, se concentran en una forma única que, a modo de recipiente, albergará la totalidad de las necesidades funcionales propuestas.

La renovación tecnológica y el estudio del tratamiento de los materiales constituye, ya, una permanente inquietud creativa.

La luz continua asentándose como un elemento determinante de sus soluciones.

Sus propuestas formales y compositivas, liberadas de todo elemento ornamental, huyen de la simetría, del énfasis de los accesos, de los espacios centralizados...

Ya sólo queda proseguir una continua depuración a la búsqueda de ese punto en el que "*las cosas dejan de serlo*" y fascinantes propuestas como las de los concursos para las sedes de **Bankunión** y **Aviaco** -por desgracia para la historia de nuestra arquitectura, nunca edificadas- o proyectos como el edificio de Correos de León serán el resultado.

Sus dibujos, como consecuencia lógica, recorren la misma senda de espiritualidad. Continúan avanzando en su abstracción.

Sede de Bankunión, Madrid. Proyecto de concurso (redibujado por Pablo Rodríguez, 2014).

Son dibujos en los que la línea impone su ley, conteniendo toda la fuerza, toda la personalidad de su arquitectura. Dibujos tras los que descubrimos un ilimitado mundo de sutileza, refinamiento y rigor.

Si un par de líneas son suficientes para entender una idea, ¿para qué más?

Casi no existen. Paralelamente a la sintetización de su pensamiento el dibujo resulta cada vez más abstracto, ciñéndose a aquellos datos rigurosamente necesarios para hacer comprender, a un buen lector, lo representado.

En ellos el diagrama -como elemental esquema geométrico que permite mostrar el resumen de una propuesta- llegará a su más clara expresión, convirtiéndose en casos como **Bankunión** o **Aviaco** en una arquitectura que alberga el mismo núcleo de ideas que caracterizará, a partir de entonces, cualquiera de sus obras: Un planteamiento funcional basado en la máxima sencillez; unos criterios volumétricos centrados en la búsqueda de la "ingravidez"; una necesidad constante de perfección constructiva y de renovación tecnológica y una envolvente caracterizada por su tersura, por su ligereza y por su transparencia...

Es, la suya, una abstracción gráfica que lo ayudará a adentrarse en la inmaterialidad de la arquitectura por medio de etéreos dibujos que tienen su base en una escrupulosa sobriedad.

En su caso ninguna de sus líneas es neutra. Cada una define aquellos matices que considera fundamentales eliminando cualquier otro que pueda complicar la comprensión de lo narrado.

Al rigor de la arquitectura se corresponde el riguroso grafismo utilizado para su gestación.

7. Así, con el edificio de Correos -un edificio entendido como "container" de gran simplicidad exterior y claridad interior- el dibujo se había convertido, ya, en limpio y austero depositario de la abstracción conceptual de su arquitectura, cuando la suerte le volvió la cara. La enfermedad le haría pasar difíciles momentos robándole su capacidad para fijar gráficamente su pensamiento.

Alejandro de la Sota, el hombre que tanto insistió en la idea de que el dibujo era simplemente un lenguaje con el que narrar lo que antes se pensó deberá, entonces, demostrarlo.

Sus dibujos no pueden, ya, ofrecernos la sensibilidad gráfica de su autor, pero sus ideas –unas ideas cada vez más próximas a su siempre inalcanzable meta- siguen vivas y, así, en sus últimos proyectos, el arquitecto continúa, como siempre hizo, reelaborando su pensamiento de forma que cada nueva propuesta suponga un paso más en el desarrollo de las anteriores para, ¡¡al fin!!, mostrarnos, de manera concluyente, su tesis de que el dibujo sólo es un lenguaje que nos permite comunicar aquello que queremos transmitir a los demás.

Su lápiz ya no puede condensar su actividad creativa, pero él cuenta sus pensamientos a sus colaboradoras de forma que ellas puedan hacerlo por él.

En su nuevo método para definir una idea no recurre a la minuciosa descripción de aquello que se debe dibujar, "*un tabique por aquí, otro que divida ese espacio por allí...*". Les comunica las ideas que habrán de servir de soporte para la formalización de su pensamiento, dejándolas construir las imágenes sobre la base de unas cuantas sugerencias... Se trata de ayudarlas a ver las cosas por sí mismas, a superar esa niebla que, al principio, envuelve toda intuición.

Después corregirá los resultados -no los resultados gráficos sino los conceptuales- y, de nuevo, a dibujar... Una y otra vez hasta que la niebla desaparece definitivamente alcanzando un resultado satisfactorio.

Cuando hablamos de su experiencia con el proyecto de viviendas para la **calle San Francisco**, yo estaba leyendo una fantástica novela, *El Palacio de la Luna* de Paul

Auster. En ella había subrayado un párrafo en el que, en una experiencia de su protagonista, creía haber encontrado un proceso descriptivo muy parecido al suyo.

> *Lo importante -le leí- era recordar que Effing era ciego. Mi misión no era agotarlo con largos catálogos, sino ayudarlo a ver las cosas por sí mismo. En última instancia, las palabras no importaban. Su función era permitirle percibir los objetos lo más rápidamente posible, y para eso yo tenía que hacerlas desaparecer no bien pronunciadas. Me costó mucho tiempo de duro trabajo simplificar mis frases, aprender a distinguir lo superfluo de lo esencial. Descubrí que cuanto más aire dejara alrededor de una cosa, mejores serán los resultados, porque eso permitiría a Effing hacer el trabajo fundamental: construir una imagen sobre la base de unas cuantas sugerencias, sentir que su mente viajaba cara a las cosas que yo le describía...*
>
> *¡¡Qué maravilla!! -celebró- parece estar describiendo mi nueva forma de trabajo.*

El arquitecto también era capaz de definir sus proyectos sin dibujar una sola línea.

Para él, dibujar era -definitivamente- contar a los demás lo que tenemos pensado. Sus dibujos -trazados o tan solo narrados- vienen a demostrarnos, a lo largo del proceso descrito, que aunque no podemos hablar de arquitectura mientras ésta no haya alcanzado la necesaria corporeidad que nos permita vivirla, mucho, muchísimo antes, podemos hablar de imprescindibles aspectos de esa arquitectura como, por ejemplo, aquel pensamiento que será, en último término, el que la haga posible.

Cuanto más nos acercamos a su mundo mejor podremos constatar la presencia de unos muy fuertes lazos de unión entre su arquitectura y el proceso gráfico que lo llevó a ella.

Sus dibujos. Esos dibujos que constituyeron el principal apoyo de su actividad creativa y que, en muchos casos, guardarán para siempre propuestas convertidas, ya, en inevitables referencias para la historia de la arquitectura española constituyen un aparato inmensamente valioso. Una parte fundamental de su obra.

Mas ¿cuál es, en resumen, el auténtico papel del lenguaje gráfico en la obra de Alejandro de la Sota?

Desde luego -a la vista del seguimiento hasta aquí realizado sobre su actividad creativa- resulta evidente que, una vez superada su primera etapa como arquitecto, poco tiene que ver con el destino que tradicionalmente se le vino adjudicando como elemento básico para el manejo, composición o definición de simples formas.

Desde una perspectiva teórica, para Alejandro de la Sota la forma no es más que una consecuencia y, por lo tanto, nunca implicará, por sí misma, ningún protagonismo dentro del proceso creativo de la arquitectura.

> *Creo más* -dice- *en la arquitectura pensada que en la dibujada... Abogo porque no se dibuje una sola raya mientras nuestra obra no esté definida en el interior de nuestro cerebro... debemos pensar muchísimo antes de dibujar nuestros proyectos y una vez sabidos, decir por medio del dibujo lo que tenemos pensado...*

Para él, comenzar a dibujar formas -como en tantos casos continúa ocurriendo- sin una profunda preparación previa resulta, simplemente, inaceptable. En Sota, el dibujo no es una herramienta para una disquisición formal. Es un lenguaje que, después de ayudarle a concretar una intuición, lo acompañará en el largo proceso necesario para su definición. Un proceso difícil y, a veces, insatisfactorio en el que él luchará por definir esa abstracción ideal que puso en marcha su actividad gráfica.

Los problemas de la arquitectura son, en fin, problemas que analizamos y resolvemos por medio de lenguajes secundarios. Unos lenguajes que constituirán los únicos puntos de apoyo del arquitecto.

> *El dibujo* -escribió- *es problema mental para fijar con ayuda de la mano, del pie, de la lengua lo bien entendido, no para confundir inteligencia con habilidad.*

Para él, un buen dibujo arquitectónico no tenía por qué ser un dibujo hermoso. Un buen dibujo arquitectónico era aquel riguroso y fácilmente comprensible.

Sé que cualquier estilo gráfico podría permitirnos, hoy, representar sobre el papel, o la pantalla de nuestro ordenador, cualquiera de sus obras pero, sin embargo, cuando observo la casa del doctor Arvesú y los dibujos que la hicieron posible, el Gobierno Civil y los suyos... siento que, difícilmente, esas arquitecturas pudieran haber sido creadas con el apoyo de otros criterios gráficos distintos de los utilizados. Que cada arquitectura va, inapelablemente, unida a una imagen gráfica concreta.

A. de la Sota.

PEDRO DE LLANO CABADO

Doctor arquitecto por la USC en 1983, es Catedrático del Departamento de Representación y Teoría Arquitectónicas de la ETS Arquitectura de A Coruña. Investigador relevante de la arquitectura popular gallega, es autor de numerosos artículos y libros de referencia, entre otros: *O muiño de mar de A Seca* (1980), *Arquitectura popular en Galicia 1. A casa vivenda, as serras* (1981), *Piornedo: estudio básico para a rehabilitación integrada dunha aldea galega* (1987) y *Arquitectura popular en Galicia: razón e construción* (1996, reeditado en 2006). En el campo gráfico, su investigación queda plasmada en el libro *Alejandro de la Sota. O nacemento dunha arquitectura* (Pontevedra, 1994), a la par que hace explícitas sus querencias arquitectónicas hacia el maestro *"Don Alejandro"*. Ponente en congresos y conferenciante, en el campo profesional desenvuelve su actividad en su propio estudio de arquitectura. Su obra ha sido publicada en diversos libros y revistas, habiendo obtenido diferentes reconocimientos.

Casa Vanno. Robert Venturi.

PROCESO Y OBJETO

María Teresa Muñoz Jiménez
ETSA Madrid

1. EL TIEMPO DE LA OBRA

> *La obra, considerada eterna y superior a su proceso de formación* (Paul de Man).
>
> *Ni la obra de arte ni su lectura pertenecen al presente* (Maurice Blanchot).

El proceso histórico que actúa sobre la obra desde dentro, como su propio proceso de formación.

El proceso de formación puede identificarse con la tecnología o el activismo político.

El carácter no eterno, sino histórico, de la acción. Lo eterno como intención.

El entusiasmo por el objeto y la nostalgia por el objeto y viceversa.

2. LA ACCIÓN Y LA CRÍTICA DE LA ACCIÓN

> *Para el pintor, el lienzo es un territorio sobre el que actuar. Lo que sucede en el lienzo no es una pintura, sino un acontecimiento* (Harold Rosenberg).

La importancia del acto, del acontecimiento, de la producción por encima del objeto resultante.

La obra es inseparable de la biografía del artista. Desaparece la distinción entre arte y vida.

La crítica debe reconocer este nuevo tipo de creación. Los nuevos conceptos serán los de la acción: comienzo, dirección, estado psíquico, concentración y relajación de la voluntad, pasividad y alerta.

Lo automático, lo espontáneo y lo evocado. La angustia de lo estético (Kierkegaard).

Rascacielos ATT, Philip Johnson.
Casa Giuliani Frigerio en Como, Giuseppe Terragni.
Casa del Fascio en Como, Giuseppe Terragni.

3. LA INTERPRETACIÓN

La implicación de un autor en un texto no siempre es consciente. La escritura histórica siempre delata las huellas del momento histórico en que fue escrita.

La descripción pura es imposible. Toda descripción interpone necesariamente una capa de valor y por tanto es interpretativa.

Tiene poco sentido preguntarse qué quería decir el artista con una obra de arte, como si la intención fuera algo distinto y separado de la obra en sí.

Debemos distanciarnos de las consideraciones sobre la intención y acercarnos a consideraciones sobre la recepción.

La obra produce significado, no solo en su época, sino en épocas posteriores.

> *La identidad es cambiante e inestable, en revisión constante mientras la relación entre lo inconsciente y lo social se renegocia a la luz de las siempre cambiantes circunstancias de la vida diaria* (Lacan).

4. LO SEMÁNTICO Y LO SINTÁCTICO EN ARQUITECTURA

En las obras de Le Corbusier (la villa Savoye y la villa Stein en Garches) la organización del espacio se revela, no como consecuencia directa de la tecnología sino como una metáfora de la nueva tecnología. El espacio se concibe más que como resultado de una limitación pragmática, como producto de una intención semántica.

La importancia de Terragni radica en que en su obra, sobre todo en la "Casa del Fascio" se produce una mutación semejante, con la afirmación del dominio sintáctico sobre el semántico. La "Casa del Fascio", para ser comprendida, exige un cambio en el acento crítico, que considere el aspecto sintáctico en lugar del semántico.

A diferencia de la pintura, la arquitectura tiene dos niveles de relaciones espaciales. El espacio efectivo es la "estructura superficial" y existe otra "estructura profunda" que es la que hace inteligible un proyecto.

Terragni organiza el espacio como una serie de planos verticales articulados de manera que definen un único plano frontal y el orden espacial es tratado como un movimiento de recesión con respecto a esta referencia frontal. La estructura formal sustituye una estructura baricéntrica (cuadrilateral) teniendo en cuenta que el espacio externo de la plaza es tangente al edificio solo en uno de sus lados. La completa estructura física de la "Casa del Fascio" se encuentra comprendida (comprimida) en su plano de fachada.

Pinturas de Kenneth Noland y Donald Judd.

5. ARQUITECTURA CONCEPTUAL, EL OBJETO

En el arte y en la arquitectura, los problemas relativos al proceso incluyen desde las cuestiones relativas a la concepción o la idea y del propio desarrollo del trabajo, hasta otras más relacionadas con el propio objeto, con el proceso de diseño, los temas compositivos y finalmente los temas de interpretación, lectura, códigos, etc. Una discusión sobre los procesos no permite distinguir el arte y la arquitectura.

Existen tres actitudes fundamentales en el arte conceptual con respecto al objeto: uno, invocar una especie de nihilismo sobre la eficacia o relevancia de cualquier objeto de diseño; dos, considerar los objetos exclusivamente como cosas en sí mismas; y tres, concentrarse únicamente en el objeto y sus estructuras primarias, como hace el arte minimal.

Todas estas actitudes implican un cambio de la experiencia primaria, visual y sensible, a otra mental e intelectual y por lo tanto conceptual.

La obra de Robert Morris y Donald Judd tiene este propósito: eliminar el significado de los objetos; los objetos no tienen más significado que ellos mismos.

El objeto es reemplazado por el lenguaje usado para describir el objeto. Así, el objeto, el lenguaje, es simultáneamente forma y significado.

La mera intención de pintar un cuadro o diseñar un edificio podría ser considerada conceptual. Pero la diferencia fundamental entre el arte y la arquitectura es que la idea de arquitectura demanda siempre la idea de una presencia del objeto, algo que no sucede en el arte.

No hay arquitectura conceptual posible que pueda prescindir del concepto de objeto pragmático y funcional. Convertir todo esto en conceptual y seguir siendo arquitectura es otra cuestión (la importancia de la gravedad).

Las relaciones en arquitectura existen de dos formas: a un nivel real y concreto y a un nivel abstracto y conceptual. De un modo semejante, Chomsky ha identificado en la lingüística la existencia de una estructura superficial y una estructura profunda.

Si prescindimos del aspecto pragmático por el momento, podría decirse que tanto la semántica como la sintaxis poseen una estructura superficial y una estructura profunda.

En algunas imágenes de *Superestudio* la evocación depende de las imágenes literales sacadas fuera de contexto, como simples fragmentos del pasado. Por el contrario, Venturi, aunque también utilice formas del pasado, y su intención sea en principio semántica, lo es en un sentido conceptual, porque la evocación no se realiza sobre la imagen literal y su percepción, sino que es en la superposición de imágenes donde se produce tal evocación.

Si comparamos Le Corbusier con Terragni, vemos que Le Corbusier toma las formas de objetos conocidos y las cambia de contexto, su intención es primordialmente semántica. Mientras tanto, Terragni usa la forma tipo de su "Casa del Fascio" para alejarla de su significado tradicional y usarla como un referente formal sintáctico profundo. Le Corbusier nunca pierde su dimensión semántica, aunque esta tenga también una dimensión conceptual. En Terragni, la iconografía del objeto es secundaria, y sus formas poseen una dimensión sintáctica en relación al aspecto conceptual de la sintaxis.

Existe todavía una distinción más entre la semántica y la sintaxis dentro de un campo conceptual. Esta distinción puede ejemplificarse en las obras de Jasper Johns (semántica) y Kenneth Noland (sintaxis); el primero se basa en la evocación de objetos conocidos congruentes con los límites físicos del cuadro y el segundo solo en la relación de una forma desconocida y el contexto del lienzo.

El objetivo de una arquitectura conceptual es investigar la naturaleza de los llamados universales inherentes a cualquier forma o construcción formal. Estas estructuras profundas pueden proporcionar una dimensión conceptual y también un nuevo significado a las necesidades funcionales.

Más difícil será encontrar el modo de lograr que estas estructuras formales puedan engendrar nuevos y más complejos significados simplemente mediante la manipulación de la forma y el espacio.

Si es posible desarrollar estos métodos transformativos y reducir el contexto semántico y cultural de cualquier arquitectura, conseguir la estructura de nuevos significados sin desarrollar nuevos sistemas de signos parece ser el problema central de una arquitectura conceptual.

M.T.M.
18 de noviembre de 2013

Casa del Fascio en Como, Giuseppe Terragni.

MARÍA TERESA MUÑOZ JIMÉNEZ

Doctora arquitecta por la UPM en 1982, Máster de Arquitectura por la Universidad de Toronto (Canadá), es Profesora Titular del Departamento de Proyectos Arquitectónicos de la ETS Arquitectura de Madrid. Ha sido profesora invitada en la ETS Arquitectura de Barcelona, así como profesora de cursos de doctorado en la Universidad de Veracruz, Méjico (1996). Desenvuelve una labor investigadora y de crítica interpretativa de manera ininterrumpida desde su irrupción en el panorama español con el artículo "Vicente Scully" en la revista *Arquitectura Bis* número 9 (septiembre 1975). Ha publicado desde entonces, numerosos artículos en revistas nacionales e internacionales y es autora de diversos libros. En el año 2008 obtuvo el premio FAD de *Pensamiento y Crítica* con el libro *Juan Daniel Fullaondo. Escritos críticos*, publicado en 2007. Una segunda edición de su tesis doctoral titulada *La desintegración estilística de la arquitectura contemporánea* se ha editado en 2012.

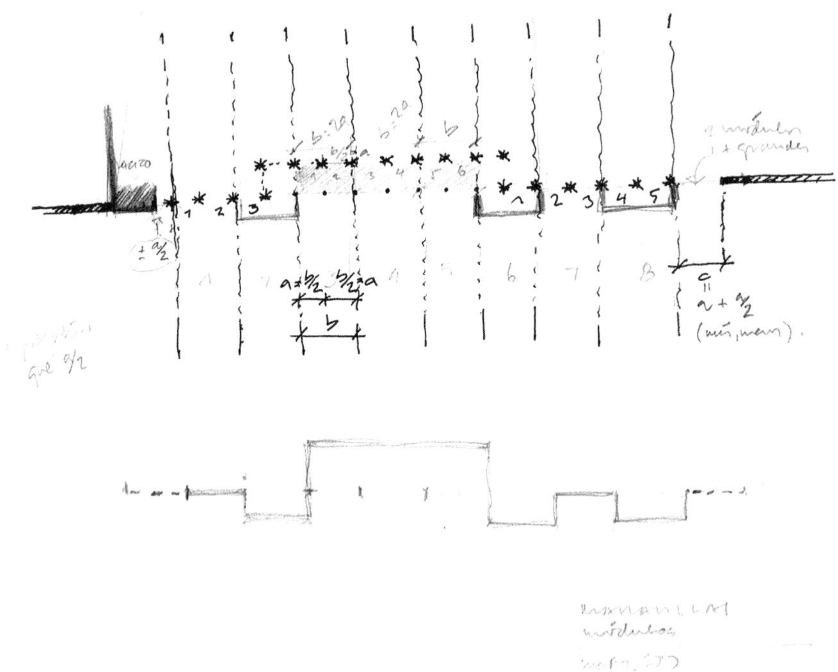

Gimnasio Maravillas. Estudio: esquema compositivo de la fachada.

EPÍLOGO

Eduardo Caridad, Paula Fernández-Gago, María Carreiro
ETSA Coruña

Las jornadas ***La arquitectura de la esencia: L. Barragán y A. de la Sota*** dentro de la serie Proyecto+Investigación, encierran en el título la hipótesis inicial y su verificación. Y en consonancia, los artículos que conforman esta publicación vienen a corroborar con precisión la hipótesis de partida: la convergencia de los arquitectos Luis Barragán Morfín y Alejandro de la Sota Martínez en el proceso proyectual o proceso lógico de ideación que hemos identificado como método esencial.

Las aportaciones de los autores, José Benito Rodríguez Cheda, Cándido López, Cruz López Viso, Antonio Ruiz Barbarín, María Carreiro, Pedro de Llano y María Teresa Muñoz, señalan la atención que en el ámbito académico viene prestándose al estudio del hecho arquitectónico. Y este estudio se centra en el proyecto mismo como aglutinador de lugar, programa, antecedentes, construcción, estructura e instalaciones, junto con intención, voluntad y deseo.

El enumerar los términos antecedentes, construcción, estructura e instalaciones no implica recurrir ni a la historia ni a los procesos tecnológicos como hilos argumentales. Se estudian las obras y los proyectos como un hecho integral. Se sopesan las decisiones de proyecto y de obra fundamentadas en condiciones técnicas, en las interpretaciones del lugar, en las necesidades del programa, pero sometidas a la voluntad, intención y deseo del arquitecto. Estas palabras, no enunciadas seguramente en los artículos aquí recogidos, encierran esas necesidades intangibles que todo proyecto debe satisfacer. Necesidad de luz, de aire, de reposo y bienestar, como escribió Sota en la memoria del proyecto de la casa Arvesú.

Podría ser este el corolario final de las reflexiones que los siete invitados han vertido en sus intervenciones. Sin embargo, considerados en su conjunto los textos que analizan la obra de Barragán y Sota, y que nos permiten corroborar la esencialidad presente en su legado, se antojan una disculpa. Una disculpa para intuir la estrategia que el arquitecto va aplicando al desarrollar cada proyecto. Una disculpa para desvelar los procedimientos diversos con los que uno puede enfrentarse al estudio de la arquitectura.

De todos los procedimientos posibles, tres quedan identificados en los textos aquí recogidos. El primero, puesto de manifiesto a través de las intervenciones de José Benito Rodríguez Cheda y de Pedro de Llano, se corresponde con la valoración global de la obra de un arquitecto, Alejandro de la Sota en este caso. El segundo, relativo al análisis y el estudio de una obra singular, resultaría del trabajo aportado por Cándido López y María Carreiro referido al Gimnasio Maravillas de Alejandro de la Sota, y por Cruz López Viso y Antonio Ruiz Barbarín, en sendos textos sobre la casa Barragán en Tacubaya. El tercero, en referencia a las partes de la arquitectura, se ejemplifica con la intervención de María Carreiro y Cándido López, sobre la casa Arvesú de Alejandro de la Sota y la casa Barragán.

Estos tres procedimientos con los que se ha trabajado sobre las obras de Sota y Barragán pueden extrapolarse al estudio de otras obras y otros autores. Los identificamos como el arquitecto y su obra, la obra singular, las partes de la arquitectura. Pueden acometerse tanto a través del manejo exclusivo de los documentos del proyecto, de las fotografías, de los textos descriptivos y de crítica, como a través del conocimiento directo de la obra apoyado en la información bibliográfica en la que incluimos textos y planos.

Común a los tres procedimientos resulta la necesidad de contextualizar el objeto de estudio en su tiempo y en su entorno, así como el reconocer los antecedentes y las influencias recibidas junto con las inflexiones vitales que operaron sobre él. Específicamente, cada procedimiento conlleva una instrumentalización propia para aportar resultados que confluyen en el entendimiento del proceso de ideación, como seguidamente se describe.

EL ARQUITECTO Y SU OBRA

La obra de un arquitecto estudiada de forma conjunta traza una perspectiva general en la que se valora su trayectoria, su evolución proyectual, las transformaciones que en ella se han ido operando, con sus contradicciones, con sus permanencias y sus invariantes. Desde esa visión lejana, en un momento dado, el investigador puede pararse y ampliar aquellas piezas que ejemplifican determinados aspectos, aquellos que interesen para la ocasión.

Se requiere el análisis del conjunto de los planos, originales o editados en los medios especializados, los textos de crítica, las fotografías. El pensamiento se puede comprender, además, leyendo los dibujos. Leer la biografía delineada por el propio arquitecto a través de los dibujos realizados para proyectar y para dar cuenta del proyecto. Los dibujos muestran la elaboración del pensamiento arquitectónico; muestran las dudas, las incertezas, también las certezas y las conclusiones, los avatares presentes en el proceso de proyectación.

LA OBRA SINGULAR

El proceso proyectual de un arquitecto es susceptible de desentrañarse a través del estudio de una de sus obras, adoptando para ello posiciones complementarias e incluso contrapuestas.

Extraída la obra del legado de su arquitecto proyectista, se aísla y se trata como una pieza autónoma, o como una pieza insertada en un sistema tipológico. Dicha obra deviene así en un modelo, bien como caso singular, bien como identificador de un tipo. La obra se confronta con su tiempo y su entorno, con su pasado y su futuro, con otras obras, con las invariantes determinadas para el tipo que identifica. Se estudian el conjunto de planos del proyecto. Se redibujan para comprender su configuración. Se recopilan los textos de crítica arquitectónica. Se sopesan los antecedentes, las influencias en su composición, en su figuración. Se llegan a entender las condiciones de su permanencia, se ratifica su validez como modelo. Incluso cuando haya sido alterada o haya desaparecido.

La arquitectura se relaciona con el arte, con la filosofía e incluso con las matemáticas (un arquitecto, en cuanto analista del lugar, continuamente integra y desintegra el entorno de trabajo, mide, proporciona, combina, establece series y ritmos), y ello permite profundizar en una obra recreando aquellos aspectos tomados de la experiencia directa, valorando el diálogo establecido entre el arquitecto, la obra y otras disciplinas artísticas e intelectuales. Y siempre, contando con el apoyo otorgado por el conocimiento de los documentos de proyecto, del conocimiento de los antecedentes arquitectónicos, culturales y sociales, que proporcionan rigor al discurso.

LAS PARTES DE LA ARQUITECTURA

Abordar el estudio de una obra determinada a partir de una de sus partes requiere que esta sea sustancialmente relevante dentro del proyecto arquitectónico. Y relevante significa que aporta los suficientes valores para poder explicar y definir la obra desde la óptica así abierta. Significa que esta parte expresa la intención proyectual subyacente en el proceso de ideación.

Al igual que en el segundo de los procedimientos, la obra adquiere el carácter de modelo, de caso de estudio. Y como tal se requiere el análisis minucioso de la parte considerada con respecto al conjunto del proyecto, y de este respecto de la parte. De igual modo, es preciso desplegar la lectura de los antecedentes, de las analogías definidas en obras contemporáneas, el redibujo de los planos para entender la gestación del proyecto, el análisis del emplazamiento.

Como complemento a esta extrapolación sobre los procedimientos de aproximación al proceso proyectual de la arquitectura, llamado también proceso de ideación, el artículo de Mª Teresa Muñoz pone en valor la permanencia del proyecto como objeto de estudio. El proyecto y no la obra. La obra puede desaparecer, se puede transformar hasta deformarse, pero el proyecto como acto creativo y transmisible, permanece. Y no importa tanto la intención del autor, del proyectista, como la interpretación que efectúa del mismo quien lo estudia, el receptor. El valor del proyecto radica en la mirada de quien lo recibe, de aquel que es capaz de descifrar la estructura profunda que subyace en él, que es reconocida en un tiempo y en un contexto distinto de aquel en que fue ideado.

Esta estructura profunda otorga permanencia a la arquitectura. Permanencia patente en las respectivas obras de Alejandro de la Sota y de Luis Barragán, a cuyo proceso de proyectación nos hemos asomado, para encontrar rigor, estudio y atención en la mirada.

Eduardo Caridad, Paula Fernández-Gago y María Carreiro
marzo de 2014

En las páginas que siguen a continuación, el arquitecto Pablo Rodríguez Rodríguez realiza un breve ensayo sobre "La fragilidad y Alejandro de la Sota". Sirva de homenaje a un autor que habiendo cumplido 100 años todavía permanece joven, imbuido de una elegante sencillez.

Casa del señor Domínguez en A Caeira, Pontevedra. Hojas posadas sobre la terraza, 2013.

LA FRAGILIDAD Y ALEJANDRO DE LA SOTA

Pablo Rodríguez Rodríguez
Investigador. A Coruña

> [...] *Tenemos que plantear los problemas que cada tema general exige y llegar al fondo de cada cuestión; el enriquecimiento que nace de esta penetración es fuente de posibilidades funcionales, constructivas y por ende arquitectónicas. Los temas se simplifican, nos brindan oportunidades. La arquitectura no nos exige recurrir a ella; aparecerá ella sola.* [1]

Estas palabras de Alejandro de la Sota nos remiten a un pensamiento dominado por el rigor y la ética, invariantes a lo largo de su vida que han quedado reflejados en su obra y escritos de una manera atemporal.

Al sumergirnos en Alejandro de la Sota y estudiar su vida y producción, se hace latente el concepto de fragilidad tanto en su personalidad como en su trabajo. La idea de fragilidad muestra cómo existe una relación estrecha entre su arquitectura y su pensamiento, entre obra y teoría. Así, la finalidad de este texto es la de definir y sacar a la luz la dualidad **"la fragilidad - de la Sota"**, una relación que se percibe de manera constante como una actitud.

Gracias a la organización del ciclo de conferencias *"La arquitectura de la esencia: barragán+de la sota"*, motivado por el centenario del nacimiento de éste último (1913-96), hemos emprendido un recorrido por el mundo *"sotiano"*, creando a su vez una visión en paralelo con su coetáneo americano (1902-88). Este viaje me ha permitido profundizar con entusiasmo -conociendo de antemano sus múltiples lecturas- en la complejidad de sus obras y textos, de indudable sugerencia y calidad, obteniendo una perspectiva de su evolución arquitectónica basada en sus constantes (fragilidad) y no en sus diferencias.

Asimismo, se están realizando diferentes actos, congresos y exposiciones con el fin de hacer retrospectivas de otros contemporáneos de manera individual o en

[1] De la Sota, Alejandro. *Alejandro de la Sota: Escritos, conversaciones, conferencias*. Barcelona: Gustavo Gili, 2008, p. 77.

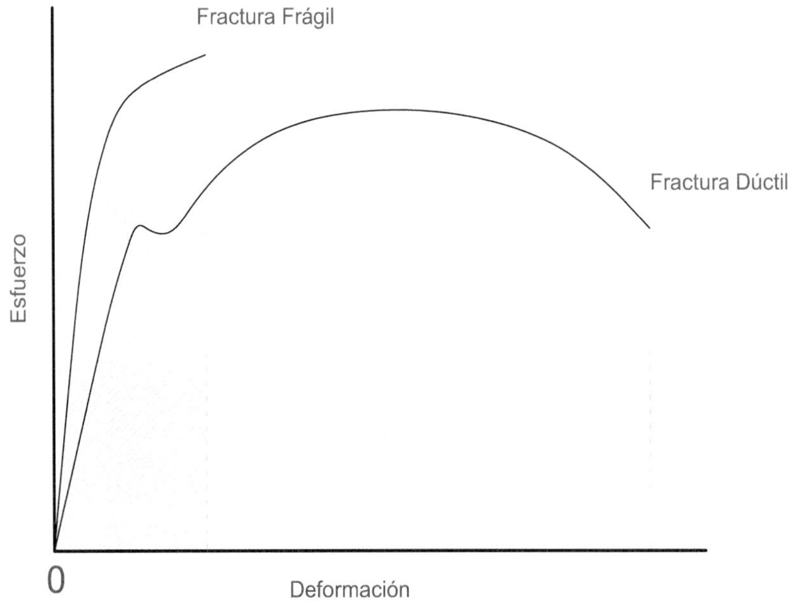

Diagrama.

conjunto; una puesta en valor de esa arquitectura esencial más rigurosa, racional y ética, no asimilada e interiorizada por las generaciones siguientes, y que parecía olvidada.

Como punto de partida del análisis de los binomios fragilidad y Alejandro de la Sota, comenzaremos por definir y clarificar el concepto de fragilidad, un término que tiene diferentes significados e interpretaciones. Según el Diccionario de la Real Academia Española (DRAE, 22ª edición 2001) se define frágil como:

> 1. *Quebradizo, y que con facilidad se hace pedazos.*
> 2. *Débil, que puede deteriorarse con facilidad.*
> 3. *Dicho de una persona: que cae fácilmente en algún pecado, especialmente contra la castidad.*
> 4. *Caduco y perecedero.*

Según el diccionario Manual de la Lengua española Vox, 2007:

> 1. *Facilidad de romperse que tiene una cosa.*
> 2. *Debilidad y facilidad para deteriorarse.*

Definiciones que, en un ambiente más técnico y aplicado a la teoría y características de los materiales, se muestran inexactas, puesto que la fragilidad no depende de la resistencia ni de la dureza de un material, sino que hace referencia a la capacidad que tiene un material para fracturarse con una escasa deformación, sin apenas absorción de energía ni modificación de forma o tamaño ante una fuerza, midiéndose a través de su resiliencia.

Así pues, un material frágil puede ofrecer una gran resistencia a tensiones, como sería el vidrio, teniendo un punto de tensión máxima admisible elevado. Material que nos permite cubrir una gran superficie con un espesor ínfimo gracias a su fragilidad, impensable en otros materiales de construcción como la madera o el hormigón.

Su contrario sería un material dúctil, que se deforma con facilidad ante una fuerza, absorbiendo la energía, con una estructura interna maleable y ofreciendo avisos en forma de acusadas deformaciones que modifican las dimensiones y forma del objeto o estructura antes de llegar al colapso.

Otro de los parámetros que hay que desvincular de la fragilidad es el de dureza, puesto que la dureza, como característica, se centra en el comportamiento superficial del material, no en su comportamiento interior antes de una fractura. Se mide la dureza por comparación: la facilidad con la que un material raya o es rayado o marcado por otro (escala de Mohs). Un ejemplo sería el diamante, un material extremadamente frágil siendo el de máxima dureza en la escala.

Además está la tenacidad, la capacidad que tiene un material de absorber energía sin producir fisuras (resistencia al impacto), que puede relacionarse con el módulo de elasticidad pero que no conlleva que un material sea frágil.

Presentemos ahora de una manera breve al segundo binomio de esta relación, a Alejandro de la Sota (1913 Pontevedra -1996 Madrid), arquitecto por la Escuela de Madrid, titulado en 1941 y doctor arquitecto en 1965. Una figura con un halo de misterio y portadora de una personalidad enigmática y transgresora, evidenciada a través de un carácter contenido y reflexivo en su expresión pero combativo de raíz; como ha quedado plasmado en la publicación *"Alejandro de la Sota. Escritos, conversaciones, conferencias"*, donde se recogen gran parte de los textos que contienen su pensamiento y teoría.

Una teoría, arquitectónica y de vida, generada a partir de principios sedimentarios de una naturalidad inteligente, extremadamente segura y convencida, constantes a lo largo de su obra. Es en ellos en donde subyace el concepto de fragilidad en A. de la Sota.

Unos principios entre los que conviene destacar la coherencia y ética en la toma de decisiones; la voluntad de anonimato y carácter lacónico; el equilibrio espacial y buen sentido arquitectónico; el compromiso con la sociedad y las posibilidades tecnológicas de su tiempo; la idea de proyecto y planteamientos utópicos; la importancia del dibujo como lenguaje; la lógica esencialista y el diálogo con la voz del lugar y la tradición; la continua depuración de conceptos y el trasfondo irónico de múltiples lecturas.

Gimnasio Maravillas. Calle Joaquín Costa, 2012.

Muchas de las cualidades más características en su producción han servido para situarle en un plano de excepción al tiempo que le han conferido caracteres míticos para arquitectos de las últimas generaciones que han visto en él (al menos en aspectos de su obra) un camino a seguir, unas veces por la ética evidente en sus renuncias expresivas, otras por la sensibilidad de sus relaciones, otras por lo utópico de sus propuestas, con frecuencia por el sentido de lo anónimo presente en muchos de sus edificios, y siempre por el carisma especialísimo y enigmático que atrae hacia su órbita con frecuencia a una minoría bien dotada que aprecian en su obra la coherencia de los planteamientos arquitectónicos, el rigor de sus diseños y el progresismo de sus propuestas. [2]

El conjunto de su obra está caracterizada por una sucesión de esos principios agregados, interiorizados y reflejados en su arquitectura. Una manera en la cual la aparición de uno no supondría la supresión del otro, sino que nutriría en un dialogo al conjunto de más posibilidades y matices.

Podría definirse esta idea con sus propias palabras, reflejadas en su *Memoria* para la cátedra de proyectos para la Escuela de Arquitectura de Madrid, demostrando toda una declaración de intenciones: el avión se sostiene por su avance, su movimiento, esto es lo básico. [3]

Es en esas invariantes donde no se deja influir ni deformar por estilos o modas, por muy fuertes y seductoras que fueran. Prima siempre la coherencia y la ética en sus decisiones. De hecho, no realiza virajes bruscos en sus planteamientos ni principios, una muestra de su gran resistencia y dureza, como bien se recoge en su primera monografía de 1975:

[...] *la coherencia de la evolución de la arquitectura de De la Sota hace que pueda ser estudiada su obra refiriéndose más a las constantes que a las diferencias.* [4]

Una integridad, y por qué no decirlo, también fragilidad, que le permitió erigirse de una manera silenciosa como un arquitecto respetado por sus colegas. Una Arquitectura que surge de sus sacrificios y renuncias, siempre en busca del bien común, que podría llamarse intelectual, solo comprendida por una minoría. Una arquitectura elitista, de un nivel solo reconocida por entendidos y a raíz de la cual, como dijo Miguel Ángel Baldellou, se intuía a A. de la Sota como "*arquitecto de arquitectos*". [5]

---

[2] Baldellou, Miguel Ángel. *Alejandro de la Sota*. Ministerio de Educación y Ciencia, 1975, solapas interiores.

[3] De la Sota, Alejandro. *Alejandro de la Sota: Escritos, conversaciones, conferencias*. p. 55.

[4] Baldellou, Miguel Ángel. *Alejandro de la Sota*, p. 12.

[5] Ibídem, p. 33.

Casa del señor Domínguez en A Caeira, Pontevedra. Terraza, 2013.
Pabellón Municipal de Pontevedra. Estructura de la cubierta, 2012.
Misión biológica en Pontevedra. Barandilla, 2012.

En A. de la Sota, el desarrollo intelectual se gesta en el propio interior del arquitecto, de una manera introspectiva y guiado por su intuición y buen sentido arquitectónico, lo que le permitió desde sus primeras obras seguir con un trabajo constante y sensible al momento contemporáneo que lo rodea. Mostró interés por los avances tecnológicos y sus posibles nuevos lenguajes, pero manteniendo una distancia prudencial con el objeto de asumir y asimilar las nuevas posibilidades de su tiempo de manera natural. No se opone a las novedades, sino que tras un estudio exhaustivo que le permite conocerlas y racionalizarlas, posteriormente las interioriza pero de una manera personal en su lenguaje arquitectónico. Es en la respuesta al uso de la tecnología en donde se encuentra la huella de un tiempo en la historia, buscando como decía Mies van der Rohe, una transcendencia de la arquitectura:

> *La tecnología tiene sus raíces en el pasado.*
> *Domina el presente y tiende al futuro.*
> *Es un verdadero movimiento histórico;*
> *uno de los grandes movimientos que dan forma y*
> *representan su época. [...]*
> *Donde la tecnología alcanza su verdadero cumplimiento,*
> *va mas allá de la arquitectura.*
> *Es cierto que la arquitectura depende de hechos,*
> *pero su verdadero campo de actividad se encuentra*
> *en el terreno de la trascendencia.* [6]

La coherencia se percibe inherente en A. de la Sota, tanto en su obra como personalidad. Esta última le permitió eludir las trampas sutiles de las nuevas ideologías. No daba pie a posibles *flirteos*, al contrario que algunos de sus coetáneos. Desde un pensamiento esencialista, muy profundo e interiorizando, lentamente fue tomando forma una arquitectura a la que se implementan nuevos principios de racionalidad, que de una manera personal vertebraría una arquitectura que él definiría como lógica o razonable.

Otro concepto en A. de la Sota que demuestra su fragilidad es su gran compromiso social. Comprendió la arquitectura como un camino y no como un fin, dando respuesta a unas necesidades sociales de la forma más equilibrada y económica, desde una postura funcionalista y ciertamente utópica. El proyecto se plantea como un problema a resolver de la manera más eficiente con los medios disponibles, utilizando la tecnología que lo permita con el mínimo coste y máximo beneficio.

> *La arquitectura o es popular o es intelectual, lo demás es negocio. Pensemos cual es la que queremos hacer y cuál es nuestra responsabilidad.* [7]

---

[6] Mies van der Rohe, Ludwig. "Arquitectura y tecnología" en Puente, Moisés (ed). *Conversaciones con Mies van der Rohe*. Barcelona: Gustavo Gili, 2006, pp. 6-7.

[7] De la Sota, Alejandro. *Alejandro de la Sota: Escritos, conversaciones, conferencias*, p. 70.

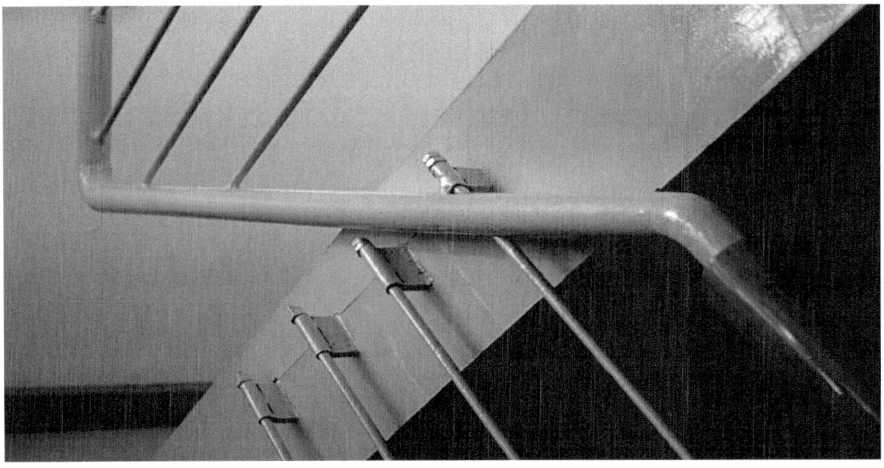

Gimnasio Maravillas. Interior, 2012.
Casa del señor Domínguez en A Caeira, Pontevedra. Barandilla, 2013.

Un problema planteado como una búsqueda de la esencia de las cosas, sin "*crustáceos*"[8], basada en procesos lógicos de análisis y de proyecto. La idea del proyecto comprende la propia esencia del edificio, su génesis, sobre la que se estructura y define la obra arquitectónica, como una extensión natural de ella.

> *Es necesario gozar de las cosas allí donde dejan de serlo, en su principio, donde desapareció tanto la superficialidad que no queda más que ese escollo puro, lo noble que en toda cosa hay.* [9]

Esto guarda una estrecha relación con el pensamiento de Kahn[10], donde una comprensión del problema supone "*escuchar lo que una cosa quiere ser*", para llegar posteriormente a una percatación inicial. A continuación se desencadena el proyecto, en el que se insertará el diseño de una manera circunstancial, coherente y natural, como una solución al problema.

A. de la Sota entiende que la belleza se encuentra en la esencia misma de las cosas, tras despojarlas de todo accesorio. El resultado es tan nítido y puro, sin adornos, que en la propia esencia sólo está lo que hace que algo sea lo que es. Características y elementos invariables que en ocasiones están ocultos detrás de añadidos superficiales y ornamentos, pero que obligan a renuncias y sacrificios para sacarlos a la luz. Se podría afirmar que A. de la Sota concibe que la belleza está en lo frágil de las cosas, en lo no deformable, que es su principio generador.

> *El mejor resumen de esa actitud lo ofrecía el propio de la Sota, citando a su gran amigo el gran arquitecto catalán desaparecido José Antonio Coderch. Si la belleza última es la cabeza de Nefertari, hay que arrancarse los pelos uno a uno, y en ese doloroso despojamiento del ornamento innecesario reside la "sencillez sencilla" de la mejor arquitectura. A través del ascetismo y la depuración, Alejandro de la Sota construyó edificios luminosos y liricos que conservaran su memoria mientras perduren sus fábricas ásperas y exactas.* [11]

La "*sencillez sencilla*" es el resultado de trabajar desde la esencia de las cosas, lo que le confiere a su obra ese carácter de atemporalidad. La idea es lo que perdura, pues como decía A. de la Sota: *la arquitectura moderna puede legar a la historia ideas, no huellas. No huellas como las de la arquitectura tradicional, de masa.* [12] Las construcciones son perecederas, dependen de su mantenimiento, las ideas no, son eternas.

---

[8] De la Sota, Alejandro. *Alejandro de la Sota: Escritos, conversaciones, conferencias*. p. 74.

[9] Ibídem, p. 34.

[10] Latour, Alessandra. *Louis I. Kahn. Escritos, conferencias y escritos*. Madrid: El Croquis, 2003, p. 91.

[11] Fernández Galiano, Luis. "Cenizas de San Valentín" en *Arquitectura Viva*, 47 (1996): 77.

[12] López-Peláez, José Manuel. "Gimnasio Maravillas" en *Alejandro de la Sota, 6 testimonios*. Barcelona: COAC, 2007, p. 78.

Edificio de viviendas en la calle Gondomar, Pontevedra. Galería en el ático, 2013.

Esta **atemporalidad** se reconoce en las obras de arquitectura, como describe Alberto Burgos en su libro *"modernidad atemporalidad con Alejandro de la Sota"*, sin importar la época o siglo, marcándolas con la categoría de clásico. Ese adjetivo, el de clásico, conlleva que una cosa tiene clase, no define un estilo o una época, sino una cualidad.

> *Los nuevos tiempos son un hecho; existen con independencia de que queramos o no. Pero no son ni peores ni mejores que cualquier otra época. Es un hecho dado [...]. Lo único decisivo será como nos hagamos valer nosotros mismos en esas circunstancias. Solo aquí comienzan los problemas intelectuales. No importa el qué, sino únicamente el cómo. Intelectualmente no tiene relevancia cuales sean los bienes que produzcamos o los medios que utilicemos. Que construyamos en vertical o en horizontal, con acero o con vidrio, no dice nada sobre el valor de esta manera de construir [...]. Pero precisamente esta pregunta acerca del valor es la decisiva.* [13]

Otra invariante en su arquitectura es reconocer, primero "el saber usar". A. de la Sota explica que a la hora de diseñar un espacio es necesario conocer el funcionamiento y las necesidades de cada uso para así responder de la manera más precisa. En segundo lugar, en arquitectura todo debe girar en torno a un "estar bien", es decir, la gente debe sentirse a gusto en ese espacio que el arquitecto ha diseñado.[14] Este concepto es lo que según él, debe conseguir la arquitectura, que un edificio dé una respuesta correcta sin que se note.

En él subyace de una manera muy marcada una búsqueda de anonimato. Él mismo, desde un carácter lacónico, buscó no llamar la atención ni con su arquitectura ni con su personalidad. Un equilibrio en el que el arquitecto debe de tender a no hacerse notar, sin un lenguaje marcado o un sello muy personal, buscando mimetizarse y dialogar con el entorno, escuchando la voz del lugar y creando un lenguaje silencioso con múltiples niveles de acercamiento a la obra. Esto permite que sus obras gocen de atractivo al permitir diferentes interpretaciones gracias a esa cantidad de juegos y sutilezas, algunas difíciles de descifrar.

> *La invocación al silencio es una figura habitual en el ámbito del arte contemporáneo. Pero no todas las invocaciones tienen el mismo significado. A menudo, el silencio no es más que un acto de rendición o de abandono expresado en forma de irónico desafío. Solo en contadas ocasiones, proyectándose más allá del lenguaje, el silencio pasa a ser el verdadero territorio germinal del arte. Es entonces el silencio como un manantial oculto del cual pueden brotar limpiamente, las aguas del sentido.*[15]

---

[13] Mies van der Rohe, Ludwig. "Los nuevos tiempos" (1930) en Neumeyer, Fritz. *Mies van der Rohe. La palabra sin artificio*. Madrid: El Croquis, 1995, p. 648.

[14] De la Sota, Alejandro. *Alejandro de la Sota: Escritos, conversaciones, conferencias*.

[15] Martí Arís, Carlos. *Silencios elocuentes*. Barcelona: UPC, 2002, p. 5.

Misión biológica en Pontevedra. Barandilla, 2012.
Ría de Pontevedra desde el edificio de viviendas de la calle Gondomar, 2013.

Tanto su producción arquitectónica como su personalidad tienen un trasfondo irónico, de doble sentido e irreverente contra lo establecido, de juego secreto. Entendiendo la obra como una actuación de cambio, donde el arquitecto debe despertar a la sociedad aletargada y así posibilitar un cambio de mentalidad desde la arquitectura.

Obras que parten de una idea potente, de una gran clarividencia, de una personalidad y autenticidad que nacen de la voluntad del silencio, del no querer llamar la atención, de una "sencillez sencilla" pero contradictoria en un estudio profundo, ya que encierran un compromiso de lucha contra lo establecido y complejidad de lenguaje. Es en este punto en donde la obra de A. de la Sota tiene una profunda riqueza.

A. de la Sota concebía la cultura de una manera personal, en el que no solo importaba la formación o los conocimientos adquiridos sino la actitud y sensibilidad hacia la comprensión del entorno y la vida. Como definió José Manuel Gallego Jorreto: "Sota entendía por cultura la sensibilidad educada. La cultura enriquecida por múltiples caminos a lo largo de su vida." [16] Un saber mirar con interés, tener la capacidad de relacionar y generar referencias y puentes entre diferentes ramas del conocimiento.

Existe en A. de la Sota un interés constante sobre su tierra, sobre la arquitectura anónima y popular de Galicia, ecos que subyacen de forma latente a lo largo de su obra. Un trasvase constante de referencias, imágenes y relaciones a raíz del cual se enriquece de manera sutil e inteligente la idea de proyecto.

Como hemos visto, la fuerza y potencia de sus ideas y principios unidos a su capacidad propositiva con un marcado carácter utópico hacen de su obra un referente muy sugerente y atractivo. Como señaló José Antonio Corrales:

> [...] *me enseñó innumerables fotografías y, con un entusiasmo increíble, me tuvo hora y media deslumbrado. Entonces me di cuenta del pico de oro que tenía Alejandro. Su gran poder de seducción o de fascinación.*[17]

La **fragilidad** es en alguna ocasión confundida con una debilidad, algo que resulta erróneo, puesto que difieren en cuanto a significado y aplicabilidad. La fragilidad confiere fortaleza, pues es una característica que denota en cierta manera permanencia. En **Alejandro de la Sota** se manifiesta esa fragilidad en la permanencia de sus principios mediante los cuales cobra coherencia su obra. Cada uno de ellos fortalece más a su propia arquitectura, nutriéndola de matices y mecanismos que lo elevaron a un nivel de maestro.

No quería perder la oportunidad para poner de manifiesto una realidad, una realidad dura, y es que este volver al pasado no es voluntario. En el momento presente se

---

[16] Gallego Jorreto, Manuel. "Casa Varela" en *Alejandro de la Sota, 6 testimonios*. Barcelona: COAC, 2007, p. 37.

[17] Corrales, José Antonio. "Miraflores" en *Alejandro de la Sota, 6 testimonios*, p. 62

carece de referentes de cierta consistencia, tanto en la obra construida como en la teoría. En un periodo como el actual, después de años de excesos en los que ganaba el que *"gritara más alto"*, se construyeron proyectos sin coherencia ni sentido, apoyados en unos cimientos de barro, carentes de sensibilidad de ningún tipo.

Es ahora, cuando el *"todo vale"* ya no es una opción, y se necesita justificar, economizar y razonar hasta el más mínimo detalle. Es ahora cuando se mira atrás, retomando el estudio de una arquitectura racional y coherente, nacida de unos condicionantes similares, pero con un sustento teórico y ético fuerte.

Para ver el mundo en un grano de arena,
Y el cielo en una flor silvestre,
Abarca el infinito en la palma de la mano,
Y la eternidad en una hora.

Aquel que se liga a una alegría
Hace esfumar el fluir de la vida;
Aquel quien besa la joya cuando esta cruza su camino
Vive en el amanecer de la eternidad.

William Blake, *Augurios de Inocencia* (1803)

Pablo Rodríguez Rodríguez
27 de marzo de 2014

Playa de Caneliñas en Portonovo, Pontevedra, 2013.

CRÉDITOS DE LAS ILUSTRACIONES

p. 14. Archivo mccl arquitectos
p. 16. Quaderns d´arquitectura i Urbanisme 152 (junio 1982)
p. 18. http://commons.wikimedia.org/wiki/File:Erich_Mendelsohn.jpg, 2014/06/16
p. 18. http://www.conceptbook.org/wp-content/uploads/2012/03/mies-van-der-rohe-08.jpg, 2014/06/16
p. 20, 22. Archivo mccl arquitectos
p. 23. Hogar y Arquitectura 75 (marzo-abril 1968)
p. 24, 28, 32, 34, 36, 39, 40. Archivo mccl arquitectos

p. 42, 44. Archivo Pablo Rodríguez Rodríguez
p. 45, 47. Archivo mccl arquitectos
p. 49, 51, 52, 53, 54. Archivo Pablo Rodríguez Rodríguez
p. 55. Archivo José Benito Rodríguez Cheda

p. 56, 58, 61, 62, 64. Yukio Futagawa
p. 67, 68, 71. Archivo Cruz López Viso

p. 72, 74, 76, 78, 80, 82, 83. Archivo Antonio Ruiz Barbarín

p. 84, 88, 91. Archivo mccl arquitectos
p. 92. Google earth (Gral. F. Ramírez, Tacubaya, México)
p. 93. Archivo mccl arquitectos
p. 94. http://www.arquine.com/blog/querido-luis/, 2014/06/16
p. 97, 98, 99, 101. Archivo mccl arquitectos
p. 101. Fundación Alejandro de la Sota
p. 101. 2G 39.40 (2006 III-IV)
p. 102, 105. Archivo mccl arquitectos

p. 106. María Alcañiz Lorenzo
p. 110. Fundación Alejandro de la Sota
p. 112, 114, 115, 117. Archivo Pablo Rodríguez Rodríguez
p. 120. María Alcañiz Lorenzo
p. 121. Archivo Pedro de Llano

p. 122, 124, 126, 128, 129. Archivo Mª Teresa Muñoz Jiménez
p. 130. Archivo mccl arquitectos
p. 136, 138, 140, 142, 144, 146, 148, 151. Archivo Pablo Rodríguez Rodríguez
p. 155. Fundación Alejandro de la Sota

Sevilla, diciembre de 2014

Alejandro de la Sota, Cuaderno de dibujo. Estudio de la arquitectura popular.